Das Porsche 911 Buch

WOLFGANG HÖRNER

DAS

PORSCHE

911 BUCH

INHALT

DER ERFINDER

Mit dem ersten 911 beginnt 1963 der Mythos eines Sportwagens, der bei seinem Erscheinen nicht unumstritten ist.

Mitte der 1950er-Jahre hat der Porsche 356 seinen Zenit längst noch nicht erreicht. Die A-Serie (1955) und später der B-Nachfolger (1959) verhelfen der Marke zu stetig wachsender Popularität, wirtschaftlichem Erfolg und sportlichen Triumphen. Doch schon zu dieser Zeit folgt Ferry Porsche vor allem seinem Instinkt, der ihm sagt, dass er sich um die Nachfolge für sein einziges Modell kümmern muss.

Ganz von ungefähr kommen seine Überlegungen nicht. Als er im Jahr 1948 „Nummer eins" aufbaut, greift er zwangsläufig auf verfügbare Teile der Volkswagen-Produktion zurück. Sie stammen oft noch aus den 1930er-Jahren. Und so entwickelt sich zwar der Porsche 356 in seinen ersten Produktionsjahren rasend schnell weiter, doch immer wieder stoßen die Techniker an die Grenzen des Konzepts – ganz gleich, ob es um die Kofferraumgröße geht oder die Leistungsausbeute des Vierzylindermotors.

Zu allem Überfluss stehen den etablierten Marken jeder Zeit mehr Geld und Möglichkeiten zur Verfügung. Ihre Produkte erscheinen, selbst wenn sie in anderen Fahr-

Nicht gerade ein eingeschworenes Team: die Entwickler des 911.

zeugsegmenten antreten, einfach „frischer".

Gleichwohl weiß Ferry Porsche, dass es auch das Design seiner Fahrzeuge ist, das die Kundschaft liebt – gerade auch in Nordamerika, wohin ein Großteil der Produktion verschifft wird. Darum ist ihm wichtig, dass ein künftiger Nachfolger für den 356 die wesentliche Designsprache weiterführt. Somit steht zwangsläufig fest, dass der

Motor wieder im Heck sitzt, zumal auch Kostenvorteile damit verbunden sind. Doch noch andere Eckdaten werden umrissen: Es muss wieder ein 2+2-Sitzer sein. Ursprünglich plant man sogar einen Viersitzer, doch „das können andere besser", gesteht man sich schließlich bei Porsche ein. Allerdings muss auf jeden Fall mehr Platz für Gepäck vorhanden sein. Ferry Porsche erschafft in diesem Zusammenhang

Der Hintergrund beweist: 911 und 356 werden eine Weile parallel gebaut.

Nullnummer

Der 911 wird unter dem Namen 901 geboren.

Rund ein Jahr nach seinem Debüt auf der IAA steht der neue Porsche im Herbst 1964 auf dem Pariser Autosalon – als 901. Jetzt erst fällt findigen Peugeot-Managern auf, dass sich die Löwenmarke bereits 1929 im Zusammenhang mit der Limousine 201 die mittige Null in Pkw-Typenbezeichnungen schützen ließ. Zwar gilt dieser Patentschutz nur in Frankreich, doch Ferry Porsche hat weder auf einen Rechtsstreit noch auf einen „Sondernamen" für den französischen Markt Lust. Kurzerhand macht er aus dem 901 den 911.

die „Maßeinheit", dass mindestens eine Golftasche in den Kofferraum passen muss. Dabei darf das Auto nicht nennenswert größer werden als der 356. Den Radstand legt er mit 2,20 Metern fest – nur zehn Zentimeter mehr als beim 356. In dieser Kürze sieht er klare Handling-Vorteile – ein für die damalige Zeit sicher richtiger Ansatz.

So macht sich Chefingenieur und Designer Erwin Komenda an die Arbeit. Er hat bereits den Volkswagen und den 356 gezeichnet und ist ein enger Vertrauter von Ferry Porsche. Doch vielleicht ist er zu sehr in der klassischen Formgebung verhaftet. Sein Konzept ist jedenfalls nicht der große Wurf, den Porsche erwartet.

Um für frischen Wind beim Design zu sorgen, wendet sich Ferry Porsche schließlich auf Vermittlung des US-amerikanischen Porsche-

Sensationelle Silhouette: Die flüssige Linienführung vom Dach bis zum Fahrzeugheck ist bis heute unerreicht.

„Erfinder" des 911-Designs: Ferdinand Alexander Porsche.

Nur Details: Das Ur-Modell wird laufend verbessert, die Linie bleibt aber bis '72.

beeinflusst. So besitzt sein Vorschlag eckige Frontscheinwerfer, einen scharfen Heckabschluss und drei Rückleuchten je Seite. Das Ganze wirkt keineswegs unattraktiv, doch für Ferry Porsche zu amerikanisch.

Zu diesem Zeitpunkt ist Ferdinand Alexander Porsche, Ferrys ältester Sohn, gut 20 Jahre alt. Er hat Design studiert und tritt gerade in das väterliche Unternehmen ein. Er empfiehlt weiter reichende Änderungen, bei denen nur einzelne, aber dafür wesentliche Merkmale des 356-Designs übernommen werden – zum Beispiel die beiden runden Scheinwerfer und die ausgeprägten vorderen Kotflügel.

Der Entwurf von Ferdinand Alexander Porsche, „Butzi" genannt, hat sieben Zentimeter mehr Radstand. Doch das sind nicht die einzigen Änderungswünsche des Vaters. Zu ihnen gehört nicht nur die Kürzung des Radstands, der am

Importeurs Max Hoffmann an Graf Albrecht Goertz.

Der in New York lebende Designer hat gerade den BMW 507 Roadster fertiggestellt, der auf beiden Seiten des Atlantiks große Begeisterung entfacht. Graf Goertz versteht das Porsche-Problem und liefert ein Dreivierteljahr später seinen Entwurf für den 356-Nachfolger ab. Dieser ist stark von aktuellen Designtrends in den USA

Schlanke Füße: Ferry Porsche ist ein Verfechter schmaler Reifen, auf Mischbereifung wird erst später umgestellt.

Der Beginn eines Mythos

Der 911 ist Nachfolger des 356. Damit lastet ein großes Erbe auf ihm, den der 356 ist Kult.

Der Krieg ist gerade vorüber und Ferdinand Porsche noch von den Alliierten inhaftiert, da beginnt sein Sohn Ferry bereits, seinen Traum vom Sportwagen umzusetzen. Zu diesem Zeitpunkt ist das Ingenieursbüro in Gmünd in Kärnten angesiedelt, wohin es 1944 aus Sicherheitsgründen verlegt worden war.

Ferry Porsche greift bei seinen Entwicklungen auf Konzepte und Komponenten des Volkswagens zurück – jenes Fahrzeugs, das sein Vater maßgeblich mitentwickelt hat und das zum VW Käfer wird. Gemäß der Gepflogenheiten des Ingenieursbüros erhält das Projekt die fortlaufende Nummer 356. Es ist ein offener Zweisitzer mit 1,1 Liter großem Vierzylinder-Boxermotor, der vor der Hinterachse platziert ist, also ein Mittelmotorwagen ist. Das sportliche Design stammt von Erwin Komenda, der mit Vater Ferdinand bereits eng zusammengearbeitet hat.

Bis der 356 im März 1949 auf dem Genfer Salon offiziell vorgestellt wird, erfährt er noch einige Änderungen. Die wichtigste betrifft die Anordnung des Motors: Dieser rutscht ganz ins Heck, was in der Folgezeit nicht nur wesentliches Kennzeichen für die gesamte 356-Baureihe wird, sondern auch bis heute die Vorgabe für den 911 ist.

Nach insgesamt 53 gefertigten Fahrzeugen in Österreich kehrt Porsche 1950 nach Stuttgart zurück. Damit verbunden ist ein gewaltiger Aufschwung, denn noch im gleichen Jahr gelingt es Porsche, einen Vertriebspartner für den wichtigen US-amerikanischen Markt zu gewinnen.

Wie wichtig dieser ist und wie begehrt Porsche dort wird, zeigt sich bereits 1952: Neben Coupé und Roadster bietet Porsche mit dem 356 America Roadster das erste „maßgeschneiderte" Fahrzeug für die USA an. Die wichtige Modellüberarbeitung von 1955 (A-Serie) verhilft dem 356 endgültig zum Durchbruch und macht ihn für Porsche zum wirtschaftlichen Erfolg, der noch andauert, selbst als der 911 bereits vorgestellt ist.

Der Erste: „Nummer eins" von 1948 hat einen Mittelmotor, heißt aber schon 356.

Leistungsstark: Modelle wie der 356 Carrera GT festigen den sportlichen Ruf des 356.

Parallelwelt: Die C-Serie des 356 wird 1963 zeitgleich mit dem 901/911 vorgestellt.

Design ist mehr als drei Ziffern

Ferdinand Alexander Porsche gilt als stilistischer Vater des 911. Doch er kann noch weit mehr als nur Autos zu entwerfen.

Der 911 ist untrennbar verbunden mit dem Namen Ferdinand Alexander Porsche, von Mitarbeitern und später als Unternehmer „F. A. Porsche" genannt. Er wird als ältester Sohn Ferry Porsches am 11. Dezember 1935 in Stuttgart geboren, siedelt während des Kriegs mit der Familie nach Österreich um, kehrt zurück und studiert in Neu-Ulm Gestaltung und Design. 1958 tritt er in den väterlichen Betrieb ein, wo er zum Initiator innovativer Designvorschläge für den 356-Nachfolger wird. Dabei muss er sich mit Chefdesigner Erwin Komenda arrangieren, der eine konservative Linie befürwortet. Letztlich setzt sich aber „Butzi", wie er in der Familie gerufen wird, durch. 1962 wird er zum Chef der Designab-

teilung ernannt und erhält nicht nur für den 911, sondern auch für den Mittelmotor-Rennwagen 904 große Anerkennung. Er schafft damit jene Designgrundlagen, die bis heute maßgeblich das Aussehen der Porsche-Sportwagen bestimmen. Allerdings bleibt es für ihn im Wesentlichen bei diesen beiden Modellen, denn F. A. Porsche muss Anfang der 1970er-Jahre das Unternehmen verlassen (siehe folgendes Kapitel).
Er gründet das Porsche Design Studio in Zell am See in Österreich. Dort gestaltet er Accessoires wie Schreibgeräte, Brillen und Uhren im „Porsche Design". Noch bevor es allgemeiner Trend wird, sind Schwarz und puristische Formen sein Credo: „Design muss funktional sein. Diese Funktionalität muss visuell in Ästhetik umgesetzt sein, ohne Gags, die erst erklärt werden müssen." Genauso wie beim 911.

Ende 2,21 Meter beträgt, sondern sie betreffen auch Änderungen an Dach und Heck. Anfangs wirkt die C-Säule sehr filigran und läuft spitz aus, was dem Prototypen gewisse Ähnlichkeiten mit dem späteren Mercedes-Benz 280 SL „Pagode"

Blick in den 911 T 2.2 Targa (1969)

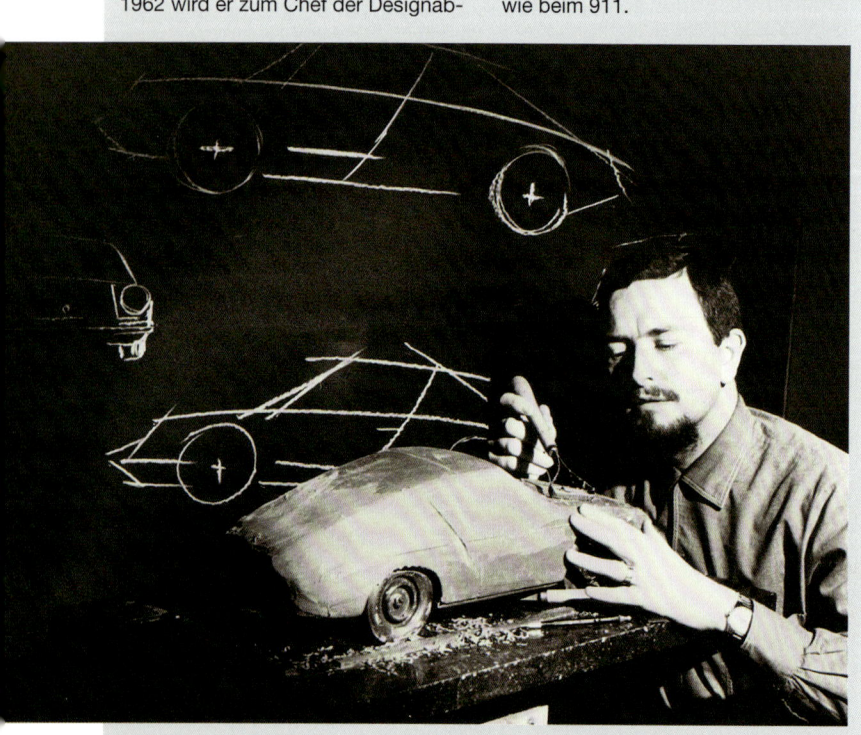

Interessante Variante: F. A. Porsche schlägt einen hohen Heckabschluss vor.

Die ersten 911 haben den Aufprall-Dorn am Stoßfänger nicht. Weil er in den USA wichtig ist, bekommen ihn alle.

verleiht. Das ändert der Designer genauso wie den Verlauf von Heckscheibe und Motorhaube, die sich zusammen erst konkav, später dann konvex wölben. Letztlich entscheidet sich Ferry Porsche aber für das Konzept des Sohns.

Allerdings sind es nicht nur das Design und die Platzverhältnisse, die zur Herausforderung werden: Auch beim Antrieb müssen die Ingenieure neue Wege gehen. Denn einerseits schätzen die Kunden die hohe Motorleistung, wie sie zum Beispiel ein 356 Carrera 2 mit 100 PS und mehr zu bieten hat. Doch andererseits haben die Vierzylinder-Boxermotoren Defizite bei der Fahrbarkeit und dem Geräuschniveau. Eine Lösung auf Basis dieser Aggregate ist wirtschaftlich zu aufwen-

Durch den Wegfall des 912 kommt dem 911 T die Rolle des Einstiegsmodells zu – bis der VW-Porsche 914 debütiert.

Als einzige 911-Variante kommen die T-Modelle mit Vergasern aus. Alle anderen Versionen erhalten ab 1968 Benzineinspritzung.

Bewusst entscheidet man sich bei Porsche dafür, den Targa-Bügel als Kontrast aus unlackiertem Edelstahl zu machen.

Keine Diskussionen gibt es bei den Bremsen. Wie auch die späten 356 haben alle 911 Scheibenbremsen rundrum.

In der „einfachen" T-Ausführung besitzt der 911 serienmäßig diese Radkappen. Die Fuchs-Felgen kosten Aufpreis.

Der um 57 Millimeter verlängerte Radstand verbessert den Geradeauslauf spürbar, ist aber praktisch nicht zu sehen.

Exakte Prüfung: Qualitätskontrolle wird großgeschrieben. Rasch zeigt sich, dass Leistungsangaben nicht übertrieben sind.

dig. Ebenfalls aus Kostengründen (und aus Platzgründen) wird ein Achtzylindermotor verworfen.

Am Boxermotor mit Luftkühlung hält Porsche aber fest – nur, dass jetzt zwei Zylinder mehr hinzukommen. Das bringt nicht nur ein höheres Leistungsspektrum, sondern verbessert auch die Laufruhe und damit den Komfort wesentlich. Man spielt verschiedene Triebwerkskombinationen durch, bis die Motorentechniker Bott und Metzger einen passenden Kurzhuber präsentieren. Bohrung mal Hub belaufen sich auf motorsportgeeignete 80 mal 66 Millimeter, woraus sich ein Gesamthubraum von zwei Litern ergibt. Zwei oben liegende Nockenwellen pro Zylinderbank, insgesamt zwei Dreifachvergaser

Beschaulich, aber viel zu klein: Mit dem Erfolg des 911 platzt das Porsche-Werk aus allen Nähten.

Eingesetzt: Der Überrollbügel des 911 Targa ist aus gebürstetem Edelstahl und nicht Bestandteil der Karosse.

und rennwagentypische Trockensumpfschmierung gehören ebenfalls dazu. Letztere ist auch wichtig, um die Bauhöhe des Motors gering zu halten und so die Hecklinie der Karosserie zu ermöglichen. 130 PS leistet der Motor – mehr als normalerweise der 356 hat.

Doch im neuen Fahrzeug kommt die Leistung besser zur Geltung. Zwar fällt es größer und etwas schwerer aus, verfügt allerdings über ein völlig neues Fahrwerk. Denn Ferry Porsche muss schließlich einsehen, dass die von ihm zunächst favorisierte, vom Volkswagen stammende und im 356 weiterentwickelte Kurbellenkerachse vorn und die Pendelachse hinten überholt sind. Stattdessen

Technisch ist der 911 ein radikaler Neuanfang, der nur konzeptionell Anleihe beim 356 nimmt

gibt es eine McPherson-Konstruktion für vorn und eine völlig neue Längslenker-Hinterachse, die weniger Platz beansprucht und präziser läuft – zumindest theoretisch. Denn das Fahrwerk bleibt selbst nach Serienanlauf ein Problem, an dem noch über Jahre hinweg gearbeitet wird. Besonders der Geradeauslauf ist eine Katastrophe.

Doch bevor es so weit ist, muss sich Ferry Porsche auch mit ganz anderen Problemen herumplagen. Bislang fertigt das benachbarte Karosseriewerk Reutter einen Großteil der 356-Blechkleider. Für das Porsche-Management ist es ein harter Schlag, als es erfährt, dass Reutter weder die Kapazitäten noch die finanziellen Mittel hat, die angepeilten großen Stückzahlen des neuen Modells zu fertigen. Ferry Porsche geht schließlich das große Risiko ein und übernimmt das privat geführte Unternehmen. So häufen

Eine neue Gattung

Mit dem 911 Targa schafft Porsche eine neue Form des Offenfahrens – und einen neuen Gattungsbegriff.

Porsche-Händler in den USA sind besorgt: Die offenen Modelle des 356 tragen entscheidend zur Beliebtheit der Marke in Nordamerika bei. Doch die Informationen, die Anfang der 1960er-Jahre über den 356-Nachfolger zu ihnen durchsickern, sehen weder Roadster noch Cabrio vor. Obwohl Ferdinand Alexander Porsche zu den großen Verfechtern einer Roadster-Variante für den 911 gehört, kann er sich nicht durchsetzen.

Doch Ferry Porsche deutet die Zeichen der Zeit richtig. Cabrios beginnen aufgrund aufkommender Sicherheitsdiskussionen aus der Mode zu kommen. Das veranlasst ihn, zwei Jahre nach dem Debüt des 911 auf der IAA das „Sicherheitscabriolet" vorzustellen. Es erhält kurze Zeit darauf den offiziellen Beinamen Targa. Dieser steht einerseits für die Erfolge von Porsche bei dem sizilianischen Rennklassiker „Targa Florio" und ist andererseits im Italienischen die Übersetzung von „Schild", was perfekt zum Targa-

Verschwindet leider bald wieder: Anfangs kann auch der rückwärtige Bereich geöffnet werden.

Konzept passt: Zwischen dem feststehenden Überrollbügel und der Windschutzscheibe befindet sich ein herausnehmbares Dachmittelteil, das bequem im Kofferraum verstaut werden kann.

Anfangs kann auch die Heckscheibe abgenommen werden, was ab 1969 nicht mehr möglich ist – dafür wird sie beheizbar. Markant ist auch, dass Porsche den Überrollbügel nie farblich kaschiert: Zunächst ist er in Edelstahloptik und wird in den 1970er-Jahren schwarz.

Umstritten: Nicht jeder ist vom Targa-Konzept überzeugt. Zu den Kritikern gehört auch F. A. Porsche.

Forderung aus den USA: Die Erweiterung auf 2,4 Liter Hubraum (hier: 911 E 2.4 Targa) geht mit Bleifrei-Umstellung einher.

sich die Investitionen für das neue Modell inzwischen auf 15 Millionen DM an – extrem viel für ein so kleines Werk wie Porsche.

Gleichzeitig tritt man bei der Fahrzeugentwicklung auf der Stelle: Techniker, Designer und Management sind untereinander zerstritten, was die Fertigstellung des 356-Nachfolgers immer wieder hinauszögert. 1961 endlich steht fest, dass binnen 24 Monaten die Produktion starten soll. Sie verzögert sich noch einmal um ein Jahr. Immerhin wird das Fahrzeug endlich auf der IAA im September 1963 in Frankfurt gezeigt, wenn auch mit Motorattrappe, und erhält offiziell seinen Namen: Porsche 901. Gut, dass es bis zur ersten Kundenauslieferung noch eine Weile dauert, denn bis dahin muss Porsche wegen des Einspruchs von Peugeot den Namen ändern (siehe Seite 9) – und der Porsche 911 entsteht.

Auch wenn es aus heutiger Sicht kaum vorstellbar ist: Der Wagen

Forever young

Die Preise für das Ur-Modell sind heute hoch – erst recht, wenn es nachweislich von einem berühmten Fahrer bewegt wurde.

Wer heute ein Ur-Modell sucht, muss tief in die Tasche greifen. Für einen guten 911 S sind mindestens 50.000 Euro anzulegen – rund das Fünffache dessen, was der Wagen ursprünglich kostet. Doch es gibt Ausnahmen: Im Sommer zahlt ein Sammler 1,375 Millionen US-Dollar für einen schiefergrauen 911 S 2.2, Baujahr 1970. Es ist allerdings nicht irgendein 911, sondern exakt jenes Fahrzeug, das zu Beginn des Kultfilms „Le Mans" minutenlang mit Steve McQueen am Steuer zu sehen ist. Eine derart detailliert dokumentierte Vorgeschichte (Steve McQueen nimmt das Auto vorübergehend in Besitz) ist dem Käufer einen satten Aufpreis wert.

sorgt für Skepsis, sowohl beim Publikum als auch bei Porsche selbst. Worte wie „Kompromiss" oder „Hoffnung" finden sich in vielen Porsche-Erklärungen jener Zeit. Der 911 ist, auch wenn es später anders dargestellt wird, anno 1963 nicht ganz das, was man als großen Wurf bezeichnet. Auch das Messepublikum ist zunächst zurückhaltend, während sich Journalisten, die das Auto tatsächlich fahren können, begeistert zeigen. Erste Modelle besitzen überdies noch ein Cockpit, das stark an den 356 erinnert und zwei große Rundinstrumente hinter dem Lenkrad hat. Erst als im Oktober 1964 die ersten Fahrzeuge ausgeliefert werden, hat der 911 jene markanten Armaturen aus fünf Rundinstrumenten, die das Interieur bis heute so unverwechselbar

Ein Sonderangebot ist der 911 nie. Bei seinem Debüt muss Porsche den Preis trotzdem senken

machen. Und er hat das Zündschloss links neben dem Lenkrad – ein weiteres ungewöhnliches Merkmal, das bis heute alle Porsche-Modelle aufweisen: Es soll Sportfahrern ermöglichen, bereits während des Startens den Gang einzulegen.

Der 911 ist nicht das sofortige Ende für den 356 – zu groß ist die Preisdifferenz, was Ferry Porsche um die Loyalität seiner Kunden fürchten lässt. So korrigiert man den Preis für den 911 sogar nochmals nach unten, auf 21.900 DM. Um 356-Fahrern den Umstieg und Neukunden den Porsche-Einstieg leichter zu machen, bringt Porsche bereits 1965 eine zweite Motorisierung auf den Markt, die bereits in der frühen Entwicklungsphase vorgesehen ist. Damals hieß sie 902 und mutiert vor Markteinführung

Der kleine Bruder

Neben dem 911 bietet Porsche auch den 912 an. Beide sehen einander zum Verwechseln ähnlich, spielen aber in zwei unterschiedlichen Preisklassen.

Schon früh ist Ferry Porsche klar, dass der 911 für die Kunden im Vergleich zum 356 ein gewaltiger Preisanstieg bedeuten wird – ungeachtet vom Mehrwert und der höheren Leistung. Tatsächlich liegt 1963 der 356 (C-Serie) bei 14.950 DM, kostet also 7.000 DM weniger als der neue 911. Darum behält man die Baureihe als einfaches Einstiegsmodell bis 1965 im Programm. Dann ist der 356 aber endgültig veraltet.

So führt Porsche den bereits von Beginn an geplanten Zwillingsbruder des 911 ein: der 912, der ursprünglich 902 heißen soll. Optisch sind es nur Details, in denen sich beide unterscheiden und die nur von akribischen Beobachtern wahrgenommen werden. So fehlen beispielsweise die markanten Fuchs-Felgen, während das Cockpit des 912 nur

drei Rundinstrumente besitzt – die beiden fehlenden gibt es aber gegen Aufpreis. Als Antriebsquelle dient dem 912 der Vierzylinder-Boxermotor des 356 SC, allerdings mit fünf PS weniger. Das 1,6-Liter-Aggregat erreicht eine Höchstleistung von 90 PS, was dem 912 nur 185 km/h schnell macht. Gegenüber dem 356 SC, der bei den Beschleunigungswerten sogar schneller ist, ist das keine Verbesserung. Allerdings überzeugt der 912 durch sein Fahrverhalten: Es ist „moderner" als beim 356 und ausgewogener als beim 911, weil sein Heckmotor deutlich leichter ist. 1969 wird der „Vierzylinder-911" aus dem Programm genommen, dessen Motor entwicklungstechnisch nun am Ende ist.

Verschämt: Das Typenschild „912" ist heute rar. Viele machten es damals weg.

Vorreiter: Der 911 S 2.4 erhielt als erster 911 serienmäßig einen Frontspoiler.

kein Verdeck zu sehen ist und das Fahrzeug wie abgesägt aussieht. Obwohl der Druck aus Nordamerika hoch ist, verwirft man in Zuffenhausen diese Idee und stellt auf der IAA 1965 das Sicherheitscabrio vor: den 911 Targa (siehe Seite 15).

Es entspricht durchaus den Gepflogenheiten jener Zeit, Baureihen fortlaufend weiterzuentwickeln – und Porsche macht davon in den 1960er-Jahren regen Gebrauch. So gibt es zahlreiche kleine Details, anhand derer sich Modelle eines bestimmten Jahrgangs unterscheiden können. Beispielsweise verschwinden schrittweise die kleinen Dreiecksfenster in den Türen, während der 911 ab 1968 einen 57 Millimeter längeren Radstand bekommt, was den Geradeauslauf verbessert. Die US-amerikanische Kundschaft hat Porsche im Visier, als man 1967 die Sportomatic vorstellt. Die Halbautomatik ermöglicht manuelles Schalten, ohne die Kupplung treten zu müssen.

zum 912 (siehe Seite 17). Angetrieben wird sie von einem 90 PS starken Vierzylindermotor, der aus dem 356 stammt.

Und Porsche hat noch mehr Eisen im Feuer: Fast von Planungsbeginn an denkt man nicht nur an ein

Coupé, sondern auch an eine offene Variante. Ferdinand Alexander Porsche sieht im 911 auch die Ausgangsbasis für einen Roadster, von dem einige Prototypen entstehen. Sie wirken deshalb etwas eigenwillig, weil im geöffneten Zustand

Zeitgeist: Zusatzscheinwerfer – hier an einem 911 S 2.2 – sind in den 1960er-Jahren „in" und dürfen auch am 911 nicht fehlen.

S·H 7945

Der Beginn einer großen Karriere

Der 911 erwirbt sich von Beginn an im Motorsport Meriten – anfangs besonders im Rallyesport, dann auch auf der Rundstrecke.

Kaum läuft die Serienfertigung des jungen 911, da schickt ihn Porsche bereits zu motorsportlichen Einsätzen. Weil zu jener Zeit der Rallyesport sehr populär ist und sich mit ihm auch die Zuverlässigkeit hervorragend dokumentieren lässt, tummelt sich hier bald schon der 911 (siehe Seite 103): Die Fahrzeuge sind weitgehend seriennah und vor allem hinsichtlich Schotterstrecken und Nachtfahrten optimiert.

Die erste „wirkliche" und zudem käufliche Rennversion des 911 stammt aus dem Jahr 1967. Die Ingenieure verpflanzen das 2,0-Liter-Sechszylinder-Boxertriebwerk des Rennwagens 906 in den 911. 19 Kunden haben das Glück und das Geld, diesen 911 R zu erwerben, der mit 45.000 DM rund doppelt so teuer wie der 911 S ist. Dafür hat er aber auch 210 PS und wiegt lediglich 830 Kilogramm. Das ist mehr als ausreichend, um am Nürburgring und bei der

„Tour de France" Siege einzufahren. Kurz bevor Porsche den straßenzugelassenen 911 Carrera RS vorstellt, entsteht Ende des Jahres 1971 eine Sonderserie des 911 S 2.5, der mit unglaublichen 270 PS neue Maßstäbe setzt. Er darf für sich in Anspruch nehmen, der letzte Renn-911 mit praktisch unveränderter Serienkarosserie zu sein.

Der in Paris 1972 vorgestellte 911 Carrera RS wird auf der Straße und auf der Rennstrecke zum Hit – und ist doch nur der Übergang zu einer richtig heißen Rennversion: Der 911 Carrera RSR 3.0 wird praktisch über Nacht zum Star des GT-Sports. Mit 330 PS ist er 280 km/h schnell. Das reicht, um nicht nur in der GT-Klasse vorn mitzufahren, sondern auch, um die Sportprototypen das Fürchten zu lehren. So holt der 911 Gesamtsiege beim 24-Stunden-Rennen von Daytona, beim 12-Stunden-Rennen von Sebring und bei der Targa Florio. In der Markenweltmeisterschaft erringt Porsche 1973 überraschend einen dritten Gesamtrang, nur geschlagen von den ungleich stärkeren Sportprototypen von Matra und Ferrari.

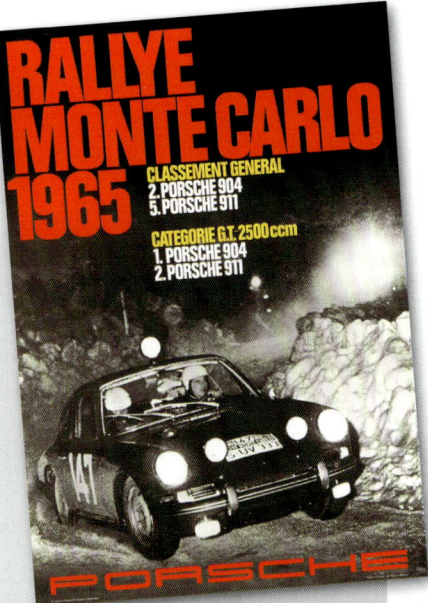

Einstieg über den Rallyesport: Besonders die Rallye Monte Carlo hat es Porsche angetan.

Wegweisend: Mit dem 911 Carrera RSR 3.0 schlägt Porsche 1973 ein neues Kapitel auf und konzentriert sich fortan auf die Rundstrecke.

Legendär: Die Fuchs-Felgen gelten wie der 911 selbst als stilistischer Meilenstein.

liger wird es nie wieder. Der schärfer werdende Wettbewerb Ende der 1960er-Jahre zwingt Porsche dazu, stärker an der Leistungsschraube zu drehen.

Entsprechend wird im Jahr 1969 das vorhandene 2,0-Liter-Triebwerk aufgebohrt und auf 2,2 Liter vergrößert. Es kommt im Spitzenmodell, dem 911 S 2.2 mit 180 PS, im 911 T 2.2 mit 125 PS und im neuen 911 E 2.2 mit 155 PS zum Einsatz, der zur neuen mittleren Variante wird. Das E steht dabei für Einspritzung, denn seit 1968 fängt Porsche schrittweise an, alle Fahrzeuge auf Benzineinspritzung umzustellen. Am längsten hält sich die Vergasertechnik im 911 T, der sogar bis zum Auslaufen der Baureihe 1973 an ihr festhält. Bereits zwei Jahre nach der Hubraumerweiterung auf 2,2 Liter verlängert Porsche den Hub der 911-Motoren, sodass die Triebwerke nun 2,4 Liter groß sind. Mit einer

Auch motorenseitig tut sich viel: 1966 präsentiert Porsche den 911 S als sportliches Spitzenmodell. Er hat ebenfalls 2,0 Liter Hubraum, aber 160, später sogar 170 PS – ein Quantensprung für den 911. Während das S für Sport steht, wird aus dem Basis-911 der 911 L (für Luxus), der 1969 zehn PS mehr bekommt.

Weil der 912 nicht sonderlich begehrt ist, stellt Porsche dessen Produktion ein und ergänzt bereits 1967 das Angebot um den 911 T (für Touring). Dieser besitzt den 2,0-Liter-Sechszylinder-Boxermotor, allerdings in einer gedrosselten 110-PS-Version. Das senkt den Preis fürs 911-Fahren auf 19.000 DM. Bil-

Noch mehr 911

Von Beginn an zieht man bei Porsche auch größere 911-Modelle in Betracht. Sie entstehen aber nur als Einzelstücke.

Sportlichkeit darf nicht zu radikal sein, fordert Ferry Porsche während der Entwicklung des 911. Ihm schwebt daher ein viersitziges Coupé vor. Letztlich wird der 911 aber doch ein

2+2-Sitzer, dessen Rücksitze wenigstens zugunsten einer Gepäckfläche umgelegt werden können. Einige Jahre später unternimmt Star-Designer Pininfarina einen Versuch, den 911 wachsen zu lassen. Dazu verlängert er den Radstand um 19 Zentimeter, behält aber im Wesentlichen die Silhouette bei. Der Entwurf kann genauso wenig

überzeugen wie ein zusätzlicher Prototyp, den man im gleichen Jahr bei Porsche selbst aufbaut. Was geht, zeigt 1967 der Porsche-Händler im texanischen San Antonio: Er lässt als Einzelstück einen 911 S um über einen halben Meter strecken und spendiert ihm zwei gegenläufig anschlagende Fondtüren.

geht die Umstellung auf Normal-
benzin, was wichtig ist, um den
schärferen US-Abgasbestimmun-
gen Rechnung zu tragen. Trotzdem
steigt auch die Leistung um fünf PS
beim 911 T und um jeweils zehn PS
bei 911 E und 911 S. Alle drei sind
weiterhin als Coupé und als Targa
erhältlich.

Der 911 S von 1971 bekräftigt
mit seinen 190 PS und seiner Maxi-
malgeschwindigkeit von 230 km/h
den sportlichen Ruf der Marke.
Zum ersten Mal hat er einen
Frontspoiler serienmäßig, der von
T- und E-Kunden gegen Aufpreis
zugekauft werden kann. Trotzdem
sind 190 PS und Frontspoiler nur
ein Vorgeschmack darauf, was die
Automobilwelt im Oktober 1972
auf dem Pariser Salon zu sehen bekommt: Dort steht der schnellste
Serienwagen aus Deutschland, der
911 Carrera RS. Sein Hubraum ist
nochmals erweitert und beträgt

Nicht zu erkennen: 1968 bekommt der 911 etwas mehr Radstand.

Beim Cruisen nicht zu bemerken: Anfangs hat der 911 ein „giftiges" Fahrwerk. Nur in kleinen Schritten kommt Porsche davon weg.

21

Der Reiz des 911-Fahrens

Ende der 1960er-Jahre ist der 911 heiß begehrt – auch bei Top-Terrorist Andreas Baader.

Er ist Deutschlands meistgesuchter Mann: Andras Baader, Namensgeber der terroristischen Baader-Meinhoff-Bande – auch bekannt als RAF. Doch Baader ist auch Autonarr. Schnelle und exklusive Wagen haben es ihm angetan, die er sich natürlich nicht legal beschafft. Einer seiner Favoriten ist der 911, am liebsten als Targa. Sie bewegt er gern mit vollem Risiko und baut schon mal Totalschäden. Oder er jagt in einer bürgerlichen Wohngegend entgegen der Fahrtrichtung durch Einbahnstraßen – was die Polizei beobachtet und was 1972 schließlich zu seiner Festnahme führt.

©dpa, picture-alliance, Roland Witschel

nun 2,7 Liter. Daraus resultieren 210 PS und 230 km/h – Porsche ist auf dem Weg in eine neue Dimension, in der erstmals auch Sportwagenherstellern wie Ferrari und Maserati Paroli geboten werden kann.

Das unterstreicht der 911 Carrera RS auch optisch. Nicht nur, dass er mit dem markanten seitlichen Aufdruck „Carrera" erhältlich ist, vor allem sein Heckspoiler sorgt für Aufsehen. Als Heck- beziehungsweise Entenbürzel geht er in die Geschichte ein und wird zum ersten großen Heckspoiler an einem Serienfahrzeug. Konsequenter Leichtbau ist ein weiteres Merkmal des 911 Carrera RS, von dem Porsche mindestens 500 Exemplare fertigen muss, damit er die Homologation für den Rennsport erhält. Am Ende sind es dreimal so viele. Und die Zuffenhausener legen noch einmal nach: Die zweite Generation des 911 ist bereits vorgestellt, da präsentieren sie den 911 Carrera RS 3.0 mit 3,0 Liter Hubraum und 230 PS. Leistung kann man eben nie genug haben. 110 Exemplare werden von ihm gebaut.

Krönung zum Abschluss: Der 911 Carrera RS von 1972 katapultiert den 911 in die Riege der Supersportwagen.

MODELLÜBERSICHT

	Produktion*	Länge x Breite x Höhe (mm)	Radstand (mm)	Leergewicht (kg)	Hubraum (cm³)	Leistung (PS)	Drehmoment (Nm)	V_{max} (km/h)	0-100 km/h (s)
911	1963-1967	4.163 x 1.619 x 1.320	2.211	1.080	1.991	130	174	210	9,1
911 L	1967-1968	4.163 x 1.619 x 1.320	2.211	1.080	1.991	130	174	210	9,1
911 L	1968-1969	4.163 x 1.619 x 1.320	2.211**	1.080	1.991	140	175	215	9,0
911 S	1966-1968	4.163 x 1.619 x 1.320	2.211	1.030	1.991	160	178	225	8,0
911 S	1968-1969	4.163 x 1.619 x 1.320	2.211**	1.030	1.991	170	182	225	8,0
911 T	1967-1969	4.163 x 1.619 x 1.320	2.211**	1.080	1.991	110	157	205	10,0
911 T 2.2	1969-1971	4.163 x 1.619 x 1.320	2.268	1.110	2.195	125	176	205	10,0
911 E 2.2	1969-1971	4.163 x 1.619 x 1.320	2.268	1.110	2.195	155	176	215	9,0
911 S 2.2	1969-1971	4.163 x 1.619 x 1.320	2.268	1.075	2.195	155	176	215	9,0
911 T 2.4	1971-1973	4.163 x 1.619 x 1.320	2.271	1.110	2.341	130	196	205	10,0
911 E 2.4	1971-1973	4.163 x 1.619 x 1.320	2.271	1.110	2.341	165	206	225	8,5
911 S 2.4	1971-1973	4.163 x 1.619 x 1.320	2.271	1.075	2.241	190	216	230	7,5
911 Carrera RS	1972-1973	4.147 x 1.652 x 1.320	2.271	1.075	2.687	210	255	230	6,3
911 Carrera RS 3.0	1974	4.147 x 1.652 x 1.320	2.271	1.075	2.994	220	275	245	5,3

* Alle Modelle ab 1965 auch als Targa verfügbar (Ausnahme: 911 Carrera RS und 911 Carrera RS 3.0)

** Ab 1968: 2.258 mm

DAS HERZSTÜCK

Eigentlich ist sie nur eine sanfte Modellüberabeitung, doch das G-Modell
schreibt als die am längsten produzierte 911-Generation Geschichte.

D er 911 wird besser und besser. Ende der 1960er-Jahre ist er bereits ein fester Begriff in der Sportwagenszene. Die Zweifel, die noch bei seiner Vorstellung herrschen, sind längst schon verflogen. Mit dem Spitzenmodell, dem 911 S, hat sich Porsche bereits der Riege der Supersportwagen aus Italien genähert.

Aber eben nur genähert – auf Augenhöhe ist man noch lange nicht. Während ein Teil der Porsche-Familie bereit ist, dies zu akzeptieren, steuert ein kleiner Kreis um Ferdinand Piëch dagegen: Er ist der Neffe Ferdinand Porsches, Entwicklungschef im Unternehmen und seit 1965 auch Porsche-Rennleiter. Und er ist er. So gelingt es ihm bei der Unternehmensleitung (einschließlich seinem Onkel Ferry Porsche) ein Projekt durchzusetzen, von dem er später selbst sagt, dass es ein Irrwitz mit extrem hohem Risiko war.

Piëch will die Marke Porsche endgültig aus dem Dunstkreis des

Andere Liga: Der 260 PS starke 911 Turbo bringt die Baureihe in neue Sphären.

VW Käfer herausziehen – ein Makel, der gerade dem 356 anhaftet. Porsche steht Ende der 1960er-Jahre zwar für schnelle und sportliche Autos, die aber weder in der Liga von Ferrari & Co. spielen, noch für mehr als „nur" Klassensiege im Motorsport reichen. Doch eigentlich ist Porsche zu klein und finanziell nicht richtig ausgestattet, um das zu ändern.

Doch Ferdinand Piëch ist Visionär und hat Überzeugungstalent. Auf die reinrassigen Rennwagen 906 und 908 lässt er 1968 mit der Entwicklung eines Über-Porsche beginnen: des 917. Die Regularien der Sportwagenweltmeisterschaft sehen kaum technische Beschränkungen vor, sodass die Porsche-Ingenieure ihrer Phantasie freien Lauf lassen können. Einzige Vorausset-

Nur kurz dabei: Der 911 S, einst Aushängeschild der Baureihe, verschwindet 1975.

zung zur Homologation ist, dass mindestens 25 Exemplare des Fahrzeugs gefertigt werden.

Für Porsche ist das ein gigantischer Kraftakt, denn im Vergleich zur Konkurrenz nimmt man es mit der geforderten Stückzahl ganz genau. So präsentiert man den Kom-

Porsche steht Anfang der 1970er vor einem tiefgreifenden Wandel, der auch den 911 betrifft

missaren des Automobilweltverbands im Frühjahr 1969 25 in Reih' und Glied geparkte Exemplare des Rennwagens. Andere Hersteller machen es sich leichter und zeigen den Funktionären nur die Hälfte der geforderten Fahrzeuge, während für die fehlenden Exemplare Ausreden herhalten.

Das Projekt ist ein unkalkulierbares Risiko für Porsche, weil die

Autos vom Reißbrett weg aufgebaut werden, ohne genau zu wissen, wo das Fahrzeug im Vergleich zur Konkurrenz steht. So entpuppt sich der 917, dessen V12-Motor anfangs 500 PS und später sogar bis zu 1000 PS hat, tatsächlich als fast unfahrbares Biest. Doch nach einigen Anlaufschwierigkeiten kann Porsche die Mängel beseitigen, und der 917 wird zum Dominator der Szene. Prompt holt sich Porsche 1970 den ersten von insgesamt 16 Gesamtsiegen bei den 24 Stunden von Le Mans. Piëchs Rechnung scheint aufzugehen: Angesichts dieser Überlegenheit wird klar, dass die Schwaben in der Lage sind, überall ganz vorne mitzufahren – eine richtungsweisende Zäsur für die Marke.

Fast mit der gleichen Geschwindigkeit, die der 917 in Le Mans erreicht (immerhin 386 km/h), rast indes das Unternehmen auf eine Schieflage zu. Die DM verteuert sich, was zu steigenden Preisen des 911 in den USA und damit zu rück-

Auch heute noch spannend: die „Hochzeit", der Einbau des Motors.

Kennzeichen G

Der zwischen 1973 und 1989 gefertigte Porsche 911 geht als G-Modell in die Geschichte ein.

Nachdem die Ur-Version des 911 auf dem Markt ist, führt Porsche fast jedes Jahr eine leichte Modellüberarbeitung durch. 1967 beschließt man daher zur besseren Unterscheidung der einzelnen Modelljahre, einen zusätzlichen, nur intern verwendeten Code einzuführen. So wird das Modelljahr 1968 zur A-Serie, 1969 zur B-Serie und so weiter.
Als Porsche im Herbst 1973 die ersten größeren optischen Veränderungen am 911 vornimmt, ist dies bereits der Modelljahrgang 1974. Entsprechend der internen Zählweise bekommt das Fahrzeug den Zusatz G-Serie. Auch in den Folgejahren setzt Porsche mit der Zählweise fort. Mit dem Modelljahr 1980 entsteht dann das neue A-Programm. Mit dem Typ 964 verschwindet diese Unterscheidung. Erst Jahre später setzt sich bei Markenkennern die Systematik durch, den 1973 vorgestellten 911 als G-Modell zu bezeichnen. Auch wenn es eben streng genommen nur ein einzelner Modelljahrgang ist, ist G-Serie beziehungsweise G-Modell ein fester Begriff unter Porsche-Kennern.

läufigen Verkäufen führt. Mit 11.715 produzierten Einheiten rutscht er auf das Niveau kurz nach Serienanlauf ohne Diversifizierung zurück.

Zu allem Überfluss sind die Porsche-Inhaber zerstritten – besser gesagt: die dritte Generation, die künftigen Erben. Es geht um den Kurs des Unternehmens, um Macht und Einfluss und letztlich um die Frage, wer die Nachfolge von Ferry Porsche als operativer Chef antreten darf. Die Führungsspitze ist eine reine Familienangelegenheit: Ferry Porsche und seine Schwester Louise Piëch sind Eigentümer, ihre Kinder in Schlüsselpositionen im Unternehmen tätig: Ferdinand Alexander Porsche kümmert sich ums Design, Peter Porsche um die Produktion; ihr Cousin Ferdinand Piëch leitet die technische Entwicklung, Michael Piëch arbeitet in der Verwaltung. Unvoreingenommen betrachtet ist es Ferdinand Piëch, dessen Fähigkeiten einem Unternehmenschef zu höchster Ehre

Übergangszeit: Anfangs besitzt auch das G-Modell noch etwas Chrom.

gereichen (was er später auch bei Audi und VW beweist). Doch leider hat er den „falschen" Nachnamen ...

Der Streit geht so tief durch die Familien und ist so verfahren, dass die Kinder des Unternehmensgründers Ferdinand Porsche – Ferry und Louise – schließlich die Notbremse ziehen: Sie laden zur Klausur in den Familiensitz in Zell am See (Öster-

reich). Als es auch dort zu keiner Einigung kommt, handeln sie mit aller Konsequenz: Alle Familienangehörigen müssen das Unternehmen verlassen und dürfen künftig nicht mehr im operativen Geschäft tätig sein.

Gleichzeitig wird der Automobilhersteller, der ein Jahr zuvor erst zur KG wurde, in eine Aktiengesellschaft gewandelt, wobei die Stamm-

Respekteinflößend: Als der 911 Turbo 1977 sogar 300 PS stark wird, verbessert sich keineswegs die Fahrbarkeit.

aktien bei den Familien Porsche und Piëch bleiben. Vorsitzender des Aufsichtsrats wird Ferry Porsche, der dieses Amt als Ehrenvorsitzender bis zu seinem Tod 1998 innehat.

Damit fällt zwei Neuen die Aufgabe zu, den 911 weiterzuentwickeln: Ernst Fuhrmann, der Vor-

Einen „richtigen Nachfolger" bekommt der 911 nicht. Das G-Modell ist eher ein Facelift

standssprecher wird, und Anatole Lapine, der neue Designchef. Ganz neu ist Fuhrmann allerdings nicht. Er stößt erstmals 1950 zu Porsche und arbeitet in der Motorenabteilung. Dort entwickelt er ein leistungsstarkes Triebwerk für den 356, das Königswellen zum Nockenwellenantrieb nutzt – und das von Porsche-Fans als „Fuhrmann-Motor" bezeichnet ist. Zunächst sieht alles

Auf Wachstumskurs

Seit Ende der 1960er-Jahre hat Porsche mit einem Platzproblem zu kämpfen und weicht nach Weissach aus.

Als Porsche 1949 aus Kärnten nach Stuttgart zurückkehrt, bezieht man – wenn auch auf Umwegen – wieder den alten Produktionsstandort im Stadtteil Zuffenhausen. Mit dem Wirtschaftswunder in Deutschland fängt nicht nur Porsche an zu wachsen, das gilt vielmehr auch für die übrigen Industrieansiedlungen in dem industriell geprägten Stadtviertel. Schon bald werden Flächen für potenzielle Erweiterungen knapp. Anfang der 1960er-Jahre gelingt es Ferry Porsche immerhin, das benachbarte Karosseriewerk Reutter zu übernehmen und so das Firmengelände zu erweitern.

Im Zusammenhang mit dem geplanten 911 wächst zur gleichen Zeit der Wunsch nach einer eigenen Teststrecke. Sie kommt, die Wahl fällt dabei auf ein Gelände in der Gemeinde Weissach, knapp 20 Kilometer westlich von Stuttgart. Zunächst entstehen nur ein einfacher Rundkurs sowie Bereiche, in denen das Fahren auf Kopfsteinpflaster oder bei Regen simuliert werden kann. Als die Motorsportaktivitäten zunehmen, wird die Anlage auch zur geheimen Erprobungsmöglichkeit. Weil in Zuffenhausen mehr Platz für die Fertigung benötigt wird, beschließt Ferry Porsche, das Entwicklungszentrum ebenfalls nach Weissach zu verlegen. Der Neubau wird 1971 fertiggestellt und später immer wieder erweitert.

Weissach heute: Neben der Teststrecke befindet sich links oben das Entwicklungszentrum.

Ein paar Nummern zu groß

Der Porsche 928 tritt an, Nachfolger des 911 zu werden – eine Mission, die gründlich scheitert.

Aus heutiger Sicht ist es kaum vorstellbar: In den 1970er-Jahren plant Porsche, den 911 abzulösen. Das hat mehrere Gründe. Bereits in den 1960er-Jahren erlebt die Sportwagenszene einen tiefgreifenden Wandel, als die Mittelmotorbauweise in Mode kommt. Ferrari und Lamborghini setzen beispielsweise auf sie und lassen den 911 alt aussehen.

Doch sie alle geraten 1974 in den Sog der Ölkrise. Nicht nur, dass sich der Kraftstoff verteuert und die Verkaufszahlen einbrechen, auch die soziale Akzeptanz schwindet – ein Aspekt, auf den Porsche stets großen Wert legt. In der Öffentlichkeit fallen dabei gerade die Fahrzeuge ins Auge, die den Motor nicht vorne haben und die als Synonym für Sportwagen gelten. In PR- und Werbeaktionen versucht Porsche sogar, das Heckmotorprinzip durch Bezugnahme auf den VW Käfer zu rechtfertigen.

Zu allem Überfluss ist Vorstandssprecher Ernst Fuhrmann kein 911-Fan und entscheidet sich für ein großes Frontmotorcoupé als Nachfolger: den 928, der 1977 auf der IAA debütiert. Ohne Zweifel ist er ein toller Reisesportwagen, ein echter „GT". Mit 240 PS ist er 20 Prozent stärker als der 911 – späte Versionen wie der 928 GTS überflügeln mit 350 PS sogar den 911 Turbo. Doch der 928 erreicht die Herzen der Kunden nicht. 18 Jahre lang versucht es Porsche, dann wird er ersatzlos aus dem Programm gestrichen.

danach, dass der Porsche-Clan eine passende Personalentscheidung getroffen hat.

Fuhrmann kehrt bereits vor dem Rückzug der Familienmitglieder aus dem Unternehmen für eine besondere Aufgabe zu Porsche zu-

Blick in den 911 (1974)

Von Beginn umstritten: Der 928 kann weder als 911-Nachfolger ...

... noch als Reisesportwagen dauerhaft punkten. 1995 wird er eingestellt.

> **Zunächst haben alle 911 zwei Batterien an Bord. Mit dem G-Modell streicht Porsche diese aufwendige Lösung.**

rück: Er soll einen Nachfolger für den 911 entwickeln. Das liegt Fuhrmann, da er dem bisherigen 911 ohnehin kritisch gegenübersteht. Ferdinand Piëch arbeitet bereits an einem völlig neuen Triebwerk, das unbedingt in Mittelmotoranord-

nung im Fahrzeug platziert werden soll – was Ende der 1960er-Jahre das Trendthema im Sportwagenbau ist. Man ist guter Dinge und kündigt den Händlern bereits an, dass die 911-Produktion 1973 auslaufen wird. Gerade weltweit gesehen sind

die Vertriebspartner froh über diese Nachricht, denn das 911-Design ist seit 1963 völlig unverändert und wird von manchen Interessenten schon als antiquiert betrachtet.

Doch es kommt anders. Zum Familienzwist gesellt sich ein plötz-

Als G-Modell bekommt der 911 ein neues Cockpit. Auffälligste Verbesserung ist das Lenkrad mit großem Pralltopf.

Ab sofort sind alle 911 mit einem Vierganggetriebe ausgestattet. Die Sportomatic gibt es weiter als Option, die selten bestellt wird.

Einer für alle: Mit dem G-Modell erhalten alle 911-Varianten den 2,7-Liter-Motor, allerdings in unterschiedlichen Ausführungen.

Die Sitze mit integrierten Kopfstützen sind ein Novum. Sie dienen der Sicherheit und bekommen den Beinamen „Chorgestühl".

Ab 1974 gehören Leichtmetallräder zur Serienausstattung aller 911 – davor haben Basismodelle tatsächlich noch Radkappen.

Die auffälligen Faltenbälge der Stoßfänger sind neuen Sicherheitsbestimmungen in den USA geschuldet.

licher finanzieller Engpass für das Unternehmen – auch deshalb, weil das eingangs erwähnte Motorsportengagement mit dem 917 Unsummen verschlingt. Praktisch über Nacht verschwinden alle Pläne zu einem 911-Nachfolger. Fuhrmann und seine Mitstreiter müssen bei null anfangen.

So bleibt nichts übrig, den bekannten 911 weiterzuentwickeln. Technisch sind Fuhrmann in der Kürze der Zeit die Hände gebun-

den. Deswegen ist es an Anatole Lapine, dem neuen Designer, der Baureihe optisch neue Impulse zu geben. Als ehemaliger Mitarbeiter von General Motors verfügt Lapine über gute Kenntnisse des US-amerikanischen Geschmacks – was wichtig ist, denn angesichts der angespannten Absatzlage darf der Wagen auf dem wichtigsten Einzelmarkt nicht floppen.

Als 1973 die Messebesucher der IAA den „neuen" 911 erstmals se-

hen, ruft das Design nicht gerade Begeisterung hervor. Der direkt daneben ausgestellte 911 Carrera RS wirkt in seiner mit Spoilern versehenen Urform eleganter und harmonischer. Das Werk von Lapine scheint indes wenig gelungen. Die klobigen Stoßfänger sind wahrlich kein optischer Genuss mit ihren seitlichen Faltenbälgen. Hinter ihnen verbergen sich die rahmenfest angebrachten Kompressionselemente, denn die auffälligen Stoß-

Turbo-Fieber

Als einer der ersten Hersteller springt Porsche auf den Zug der Turbo-Technologie auf – eine wegweisende Entscheidung.

Anfang der 1970er-Jahre ist man bei Porsche auf der Suche nach mehr Motorleistung – nach viel mehr Motorleistung, denn der Rennwagen 917 muss in der US-amerikanischen CanAm-Serie gegen deutlich hubraumstärkere Fahrzeuge antreten. So beschließt man, den 4,5-Liter-Zwölfzylinder-Boxermotor mit zwei Turboladern auszustatten. Prompt schießt die Leistung auf 850 bis 1000 PS nach oben. Der Erfolg auf der Rennstrecke ist vorprogrammiert. Davon beflügelt setzt Porsche auch in der Sportwagen-Weltmeisterschaft

1974 auf die Turboaufladung. So entsteht als Nachfolger des 911 Carrera RSR 3.0 der 911 Carrera RSR Turbo (siehe großes Bild) auf Basis des G-Modells. Reglementbedingt muss sein Hubraum um den Faktor 1,4 im Vergleich zu „Saugern" reduziert werden, woraus relativ kleine 2,2 Liter resultierten. Noch im gleichen Jahr zeigt Porsche, dass sich diese Technik problemlos auch auf Straßenfahrzeuge übertragen lässt: Der 260 PS starke 911 Turbo wird zum ersten Seriensportwagen mit Abgasaufladung.

Auch künftig hält man in Zuffenhausen am Turbo-Prinzip fest. Ganz besonders betrifft das den Motorsport, doch auch Straßenmodelle werden damit ausgestattet. Neben dem 911 Turbo und den Derivaten wie dem 911 GT2 sind es der 924 Turbo (1978) und der 944 Turbo (1985), die in größeren Stückzahlen gebaut werden. Heute findet sich die Technik auch bei Panamera Turbo und Cayenne Turbo sowie bei allen Dieselmodellen.

fänger sind eine Folge der in den USA neu entfachten Sicherheitsdiskussion und der daraus resultierenden neuen Crash-Bestimmungen. Demnach müssen Fahrzeuge einen Aufprall aus einer Geschwindigkeit von acht Kilometern pro Stunde unbeschadet überstehen. Andere Automobilhersteller trifft das natürlich auch, doch sie liefern die Fahrzeuge für den nordamerikanischen Markt in einer entsprechenden Sonderausführung aus – ein Procedere, das sich Porsche aus Kostengründen nicht leisten kann.

Das neue Sicherheitsdenken zeigt sich aber nicht nur in den markanten Stoßfängern, die bis 1989 nicht mehr vom 911 weichen wer-

Mit seinen klobigen Stoßfängern gerät der 911 zunächst in die Kritik bei den Kunden

den. Serienmäßig werden jetzt alle Fahrzeuge mit Drei-Punkt-Sicherheitsgurten ausgestattet. Erstmals kommen auch neue Sitze – etwas abwertend „Chorgestühl" genannt – zum Einsatz, bei denen die Kopfstützen in die Rückenlehne integriert sind. Neu gestaltet ist überdies das Lenkrad mit integriertem Sicherheitspralltopf. Nicht unbedingt unter dem Aspekt der Sicherheit, sondern als Tribut an mehr Komfort ist die neue, leichtgängigere (aber immer noch stehende) Pedalerie.

Bei den Diskussionen über die Optik fällt erst beim zweiten Hinsehen auf, dass Lapine dem 911 auch andere neue Merkmale mit auf den Weg gibt. Markant und bald schon heiß geliebt ist das durchlaufende Leuchtenband am Heck, das beide Rückleuchten miteinander verbindet. Es enthält einen breit gestreckten, schwarzen Porsche-Schriftzug. Neu ist auch, dass die vorderen Blinker in die Stoßfänger wandern,

Langläufer: Der 911 Turbo bleibt zwölf Jahre lang unverändert im Programm – von Detailverbesserungen und einer Hubraumaufstockung abgesehen.

Das Auge fährt mit: Die Optik des 911 Turbo wird von vielen 911-Käufern geschätzt. Deshalb bietet Porsche den 911 Carrera auch im Turbo-Look an.

Verlust: Mit dem G-Modell stellt Porsche auf „Plätzchenstecher-Räder" um. Fuchs-Felgen sind nur noch eine Option.

was unweigerlich die großen Rundscheinwerfer mehr betont – zumal auch die bis dahin verchromten Luftschlitze unterhalb der Leuchten verschwinden. Überhaupt ist Chrom zu jener Zeit nicht mehr en vogue, weswegen viele bisherige Zierteile verschwinden oder schwarz werden. Beim Targa-Bügel dauert es allerdings bis Mitte der 1970er-Jahre, bis die Edelstahloptik

gegen einen mattschwarzen Look ersetzt wird. Dabei sammeln die Stuttgarter Ingenieure gerade viel Erfahrung beim Thema Stahl: Sie erproben nicht nur ein „Langzeitauto", sondern ab 1975 bekommt der 911 als erstes Serienauto überhaupt feuerverzinkte Stahlbleche. Daraufhin gewährt Porsche eine Garantie gegen Durchrostung von sechs Jahren.

Porsche gibt dem neuen 911 keinen neuen Namen, erst später, ab 1973, erhalten die Modelle intern und bei Fans die Bezeichnung G-Modell (siehe Seite 27). Dagegen gibt es Änderungen bei den Typenbezeichnungen, denn mit der Überarbeitung der Baureihe sortiert Porsche auch das Angebot neu. Alle 911 verfügen über den 2,7 Liter großen Boxermotor, der ein Jahr zuvor im

Darauf haben die Fans gewartet: Das 911 Carrera Cabrio beschert Porsche ab 1983 einen neuen 911-Boom.

Weltmeisterlich

Auch wenn die Modelle nicht unbedingt 911 heißen – in den 1970er Jahren verdienen sich Rennwagen auf 911-Basis Weltmeistertitel.

Ende der 1960er-Jahre stellt Porsche-Sportchef Ferdinand Piëch die Weichen neu. Porsche konzentriert sich stärker auf die Rundstrecke, weniger auf den Rallyesport. Mit dem 917 gelingt der internationale Durchbruch im großen Stil, flankiert vom 911 Carrera RSR 3.0 auf Basis des Ur-Modells. Doch kurzfristig durchgeführte Reglementänderungen zwingen Porsche wieder zum Umdenken.

Erste Rennfahrzeuge auf Basis des neuen G-Modells werden 1974 der 911 Carrera RSR mit 3,0-Liter-Saugmotor und der 911 Carrera RSR Turbo – der erste 911 mit Turbotechnik und Wegbereiter des 911 Turbo für die Straße (siehe Seite 32). Nach einem Übergangsjahr werden 1976 die Karten nochmals neu sortiert: Porsche fährt dreigleisig. Neben dem 936, einem reinrassigen Rennsportwagen

mit viel 911-Turbo-Technik, debütieren der 934 für die seriennahe „Gruppe 4" und der 935 für die „Gruppe 5". Die Bezeichnungen entsprechen der Analogie, gemäß derer der 911 Turbo intern als 930 bezeichnet wird. Während der 934 zum absoluten Sieganwärter in kleinen Motorsportklassen und in nationalen Meisterschaften wird, sichert sich Porsche mit dem Duo 935 und 936 die Markenweltmeisterschaft 1975 und 1977. 1979 gelingt es sogar dem privaten Kremer-Team, mit dem 935 den Gesamtsieg bei den 24 Stunden von Le Mans zu erringen.

Die Seriennähe des 934 ist unverkennbar, wenngleich die Fahrzeuge über einen größeren Frontspoiler verfügen. Auch die Antriebstechnik ist unmittelbar vom 911 Turbo abgeleitet. Allerdings sorgen Kunstkniffe wie höherer Ladedruck und zusätzliche Ladeluftkühlung dafür, dass der

3,0-Liter-Motor 485 PS entfaltet.

Deutlich radikaler ist der 935, der bis 1978 in unterschiedlichen Varianten entsteht – von der rund 590 PS starken Ursprungsversion mit 2,8-Liter-Motor (Bild oben) über eine nur 710 Kilogramm leichte „Baby-Version" mit 1,4-Liter-Motor bis hin zur extrem aerodynamischen „Moby-Dick-Variante" mit 3,2-Liter-Motor und 845 PS von 1978 – Letztere erstmals mit Wasserkühlung. Weil Anfang der 1980er-Jahre die Sportprototypen wieder die Oberhand gewinnen, entstehen in der Folgezeit kaum noch Rennversionen auf Basis des 911.

Keine Täuschung: Der 935 „Moby Dick" basiert auf dem 911 – auch wenn die Rundscheinwerfer verschwunden sind.

Dauerbrenner: Auch nachdem das Cabrio verfügbar ist, bleibt der Targa im Programm – seit 1975 mit schwarzem Bügel.

911 Carrera RS für Furore sorgt und der nun in verschiedenen Ausbaustufen zum Einsatz kommt.

Die Modelle 911 T und 911 E sind Geschichte. Letzter wird durch den „911" (ohne zusätzlichen Buchstaben) ersetzt. In diesem Fall leistet das 2,7-Liter-Aggregat 150 PS – und damit 15 PS weniger als zuvor der

911 E 2.4. Wer es stärker mag, greift zum 911 S, dessen Triebwerk immerhin 175 PS leistet. Spitzenmodell wird der 911 Carrera, der mit 210 PS immerhin 240 km/h schnell ist. Anders als der 911 Carrera RS ist er aber nicht limitiert. Gemeinsam ist allen, dass sie serienmäßig nur ein Vierganggetriebe besitzen und

nur auf Wunsch mit einer manuellen Fünfgangschaltbox oder der Sportomatic ausgestattet werden. Ebenfalls nur gegen Zuzahlung gibt es anfangs den markanten Bürzel-Heckspoiler.

Das Debüt des G-Modells fällt auf den Vorabend der weltweiten Ölkrise. Aufgrund der Lieferbe-

Offen für Träume

Das Porsche 911 Cabrio ist für viele ein Traum. Dabei setzt seine Geschichte vergleichsweise spät ein.

Der allererste Porsche von 1948 ist ein offener Roadster. Als zwei Jahre später eine „geregelte" Serienfertigung des 356 anläuft, sind sofort Cabrios dabei. Ihnen folgen Modelle wie 356 America Roadster oder 356 Speedster – offene Fahrzeuge, die nicht nur im sonnigen Kalifornien faszinieren. Zu Beginn der 911-Entwicklung verwirft Porsche allerdings ein Cabrio und bringt stattdessen den Targa. Erst 1981 zeigt man auf der IAA den Prototypen eines 911 Cabrios, der trotz aller Verdeckschwächen für so große Begeisterung sorgt, dass er im Frühjahr 1982 in Serie geht.

Die 1970er-Jahre lassen grüßen: Sämtlicher Chrom-Zierrat (auch die Scheinwerfereinfassungen) ist verbannt.

schränkungen der OPEC explodieren die Benzinpreise. In Deutschland werden Sonntagsfahrverbote eingeführt, während die Nachfrage nach Sportwagen drastisch abnimmt. Für Porsche beginnt damit eine dramatische Phase – in der das Unternehmen trotzdem Gas gibt: Allen Sorgen zum Trotz präsentiert Porsche auf dem Pariser Autosalon des Jahres 1974 eine völlig neue 911-Version: den 911 Turbo.

Mit ihm preschen die Zuffenhausener in die erste Reihe der Sportwagen vor. Stolze 260 PS arbeiten im Heck – bereitgestellt vom ersten Turbomotor in einem Straßensportwagen und vom erst zwei-

ten in einem Serien-Pkw überhaupt (siehe Seite 32). Zusätzlich vergrößert Porsche den Hubraum des Sechszylinder-Boxermotors auf nun 3,0 Liter. Noch beeindruckender sind die Fahrleistungen: 250 km/h Höchstgeschwindigkeit und 5,5 Sekunden für den Sprint auf 100 km/h gibt Porsche an. Doch es

Nicht ganz original: Tatsächlich können Käufer früher G-Modelle den Bürzel-Spoiler als Option wählen.

Zweifarb-Optik: Die vielen schwarzen Kunststoffelemente lässt sich mancher Porsche-Fahrer lackieren.

spricht sich schnell herum: Der 911 Turbo ist „giftig" zu fahren, eine absolute Heckschleuder. Wenigstens sind der Geradeauslauf und die Fahrstabilität bei hoher Geschwindigkeit passabel, wozu die beiden markanten äußerlichen Erkennungsmerkmale des 911 Turbo dienen. Ein gigantischer Flügel prangt am Heck und sorgt für den nötigen Abtrieb, während die nochmals verbreiterten Radhäuser des 911 Carrera eine größere Spur mit breiteren Reifen ermöglichen. All das hat natürlich seinen Preis: Als schnellstes deutsches Automobil kostet der 911 Turbo mit 65.800 DM etwa doppelt so viel wie ein „normaler" 911.

Intern erhält der Wagen das Kürzel 930, vermarktet wird er als 911 Turbo. Bereits Ende 1977 ver-

Kultname

Kein anderer Begriff ist so sehr mit dem 911 verbunden wie Carrera.

Die Porsche-Fertigung läuft gerade mal seit fünf Jahren in Stuttgart, da taucht erstmals 1955 für eine besonders leistungsstarke Version des 356 der Namenszusatz Carrera auf. Er ist vom mexikanischen Langstreckenrennen Carrera Panamericana abgeleitet. Hier erringt Porsche 1954 mit dem 550 Spyder nicht nur einen überlegenen Klassensieg, sondern ist mit Gesamtrang drei dem ungleich stärkeren Ferrari dicht auf den Versen. Erst mit dem 911 Carrera RS von 1972 wird der Begriff bei einem 911 verwendet, bevor er 1977 wieder verschwindet und 1983 zurückkehrt. Seither kennzeichnet er alle „Basis-911".

passt ihm Porsche nochmals eine kleine Leistungskur durch einen 3,3-Liter-Motor, der ihn glatte 300 PS stark und 260 km/h schnell macht. Dazu bekommt er einen neuen Kühler, sodass der Heckflügel umgestaltet und größer wird. Seine Fahrleistungen sind so überlegen, dass man es sich bei Porsche erlauben kann, den 911 Turbo bis 1989 ohne nennenswerte Änderungen zu produzieren.

Einzig die Vielfalt wächst: 13 Jahre lang ist der 911 Turbo nur als Coupé erhältlich, bevor er ab 1987 auch als Targa und Cabrio angeboten wird – eine Nische, die zuvor von Tunern ausgefüllt wird. Bereits 1983 können Kunden indes eine bemerkenswerte Option bestellen. In Anlehnung an die Optik der Rennfahrzeuge auf Basis des 911 Turbo bietet Porsche für selbstbewusste 38.340 DM einen Flachbau an, bei dem die Rundscheinwerfer durch die Klappleuchten aus dem 944 ersetzt sind. Das verleiht dem 911 eine völlig neue Ausstrahlung (siehe Seite 44).

Andere Maßstäbe: Auch der 911 Turbo hat nur einen kleinen Doppelrohrauspuff.

Da der 911 Turbo so gut bei den Kunden ankommt, knöpft sich Porsche 1975 die übrige Modellpalette des 911 vor. Erste Änderung: Nur für die USA legt man einen neuen 912 auf, der für zwei Jahre die Lücke stopft, die sich zwischen dem Produktionsende des 914 und dem Lieferbeginn des 924 auftut. Optisch unterscheiden sich 911 und 912 nur geringfügig, wohl aber beim Antrieb, den der 90-PS-Vierzylinder-Boxermotor des 914 übernimmt. Angesichts der rückläufi-

Schwierige Zeit: Der 911 SC hat anfangs damit zu kämpfen, dass er schwächer als sein Vorgänger ausfällt.

Vom Tüftler zum Produzenten

Ferry Porsche ist nicht der Gründer von „Porsche", doch er sorgt dafür, dass es Sportwagen mit diesem Namen gibt.

1931, inmitten der Wirtschaftskrise, gründet Ferdinand Porsche sein gleichnamiges Ingenieursbüro in Stuttgart. Sein einziger Sohn Ferry (eigentlich: Ferdinand Anton Ernst) ist zu diesem Zeitpunkt 21 Jahre alt, hat bereits einschlägige Konstrukteurserfahrung gesammelt und steigt als Techniker ein.

Das Ingenieursbüro entwickelt die unterschiedlichsten fahrzeugtechnischen Produkte. Besonders prägend wird der Auftrag 1934, den KdF-Wagen (der Volkswagen, aus dem später der VW Käfer entsteht) zu entwickeln. Weil der Vater zunehmend in Wolfsburg weilt, wird Ferry 1940 sein Stellvertreter, vier Jahre später sogar Geschäftsführer. Er veranlasst noch im gleichen Jahr die Evakuierung der Firma nach Gmünd in Kärnten, Österreich. Dort erschafft er kurz nach Ende des Kriegs den 356 und 1954 – inzwischen zurück in Stuttgart-Zuffenhausen – auch das Porsche-Logo.

Nach dem Tod des Vaters 1951 fällt das Unternehmen den beiden Kindern Louise Piëch und Ferry Porsche zu, der bis 1972 operativ das Sagen hat. Seine größte Leistung ist dabei weder der 356 noch der 911, sondern der erfolgreiche Übergang vom Ingenieursbüro zum Automobilhersteller. Ferry Porsche stirbt am 27. März 1998.

Drei Porsche-Generationen: Firmengründer Ferdinand (auf dem Gemälde), Sohn Ferry (sitzend) und Enkel Ferdinand Alexander (stehend).

gen Sportwagen-Nachfrage als Folge der Ölkrise wird auch das 911-Angebot gestrafft: Der 911 S – ein Name, der fast zehn Jahre lang Kultcharakter hat – wird ersatzlos gestrichen. Es bleiben der 911, der nun 15 PS stärker wird, und der 911 Carrera, der zehn PS durch eine Einspritzanlage verliert.

Zwei Jahre später, zur IAA 1977, scheinen die Tage des Porsche 911 gezählt (siehe Seite 30): Stilvoll möchte man sich von der Kundschaft verabschieden und verleiht deswegen dem 911 nochmals eine Auffrischung – oder soll es ein Todesstoß sein? 911 und 911 Carrera werden durch ein gemeinsames Modell ersetzt, den 911 SC. Porsche-Kenner wissen, dass dieses Kürzel für „Super Carrera" steht und auch

Totgesagte leben länger – das muss auch das Porsche-Management vom 911 lernen

die letzten Exemplare des 356 ziert. Die Leistung des 911 SC ist allerdings gar nicht super: 180 PS sind es, 20 weniger als der 911 Carrera bis dahin zu bieten hat, obwohl der Hubraum auf 3,0 Liter steigt. Immerhin besitzt er die breite Karosserie des bisherigen 911 Carrera.

Damit besteht die Modellpalette des 911 aus nur noch zwei Exemplaren: 911 SC (Coupé und Targa) und 911 Turbo. 1980, so plant man bei Porsche, kann dann die Produktion des 911 friedlich einschlafen. Doch weit gefehlt, denn bei den Fans ist der 911 längst unsterblich geworden. Sie kaufen fleißig, was Porsche schließlich doch noch einmal veranlasst, sich um den 911 SC zu kümmern. 1979 klettert die Leistung auf 188 PS, im Folgejahr dank angehobener Verdichtung sogar auf 204 PS.

Ernst Fuhrmann, der 911-Fahrer gern als die „Gusseisernen" be-

![Sensation: Der limitierte 911 Carrera Speedster (hier die Schmalversion) wird zum Spekulationsobjekt.]

Sensation: Der limitierte 911 Carrera Speedster (hier die Schmalversion) wird zum Spekulationsobjekt.

zeichnet, wird 1981 durch Peter W. Schutz als Vorstandsvorsitzender abgelöst. Der deutsch-amerikanische Manager gehört zur Pro-911-Fraktion und bringt gleich nach Amtsantritt seine erste gute Idee ein: Auf dem Genfer Salon 1982 debütiert das 911 SC Cabrio, ein Voll-

cabrio klassischer Bauart, bei dem das geöffnete Verdeck im hinteren Fahrzeugbereich gestapelt und dann durch eine Persenning geschützt wird. Darauf haben 911-Fans 20 Jahre lang gewartet und nehmen nun in Kauf, dass der offene 911 deutlich teurer und qualita-

tiv schlechter als das Coupé wird – und als der Targa, der auch weiterhin im Programm bleibt. In den ersten Produktionsjahren beträgt der Cabrioanteil rund 50 Prozent der 911-Auslieferungen!

Und Schutz gibt weiter Gas: „SC" ist ihm zu wenig charisma-

Typisch Speedster: flache und kurze Windschutzscheibe, Höcker in den Vordersitzen.

tisch – auf der IAA 1983 kehrt er zum 911 Carrera zurück. Und bringt auch deutlich mehr Leistung mit: Das neue Modell – wieder als Coupé, Targa und Cabrio lieferbar – besitzt einen 3,2-Liter-Motor mit 231 PS. Damit tummelt sich nun auch der 911 Carrera wieder in der Liga der schnellsten und stärksten Sportwagen. Erstmals ist er in Deutschland sogar mit Katalysator erhältlich, was allerdings die Leistung auf anfangs 207 PS, später auf 217 PS reduziert.

Auch an Kleinserien auf Basis des 911 wagt man sich bei Porsche wieder heran: Ende 1983 zeigt Porsche den 911 SC/RS, der in der neuen Motorsportklasse „Gruppe B" startberechtigt ist. 20 straßenzugelassene Exemplare entstehen von dem Sport-911, dessen 3,0-Liter-Boxer 250 PS besitzt – fast so viel wie anfangs der 911 Turbo.

Unverändertes Prinzip auch beim G-Modell: luftgekühler Boxermotor im Heck.

„Zahme" Gruppe-B-Version: Gemessen am 959 und anderen Boliden wirkt der 250 PS starke 911 SC/RS von 1984 brav.

Der Hightech-911

1985 entsteht mit dem 959 ein 911-Ableger, der alles in den Schatten stellt.

Anfang der 1980er-Jahre haben im Motorsport die Sportprototypen der „Gruppe C" das Sagen, flankiert von den Tourenwagen der seriennahen „Gruppe A". Dazwischen schafft der Automobilweltverband die neue „Gruppe B", die für extreme Rallyefahrzeuge und GT-Boliden gedacht ist. Sofort stellt Porsche 1983 auf der IAA das Concept-Car „Gruppe B" vor, aus d em bis zur nächsten Automesse in Frankfurt der serienreife 959 entsteht. In seinen Grundproportionen, etwa bei der Dachlinie und den Rundschein- werfern, schimmert der 911 noch eindeutig durch, der die Basis bildet. Selbst der Sechszylinder-Boxermo- tor bleibt erhalten. Allerdings mit verändertem Hubraum, der nun 2,85 Liter misst. Während die Zylinder weiterhin luftgekühlt sind, kommt an den Zylinderköpfen erstmals eine Wasserkühlung zum Einsatz. Sie ermöglicht, dass der 959 vier Ventile pro Zylinder haben kann – eine Technik, die damals in Mode kommt

und deren Fehlen beim 911 bis zum Erscheinen des Typ 996 ein echtes Manko ist. Ebenfalls wegweisend ist die Registeraufladung, bei der zwei unterschiedlich große Turbolader zum Einsatz kommen. Das garantiert 450 PS, was angesichts der Leicht- bauweise und der sehr aerodynami- schen Karosserie für eine Höchstge- schwindigkeit von 317 km/h sorgt. Und der 959 hat noch mehr Hightech an Bord. Manches davon kommt im Lauf der nächsten Jahre oder Jahrzehnte auch in den „normalen" 911: Allradantrieb, geschwindigkeits- abhängige Niveauregulierung, Sechsganggetriebe und die Verwen- dung von Kevlar und Aluminium. Dass Porsche für diesen Über-911, von dem 292 Exemplare gebaut werden (200 sind zur Homologation nötig), 420.000 DM haben will, ist nur die halbe Wahrheit. Aufgrund der Limitierung löst der 959 eine Spekula- tionswelle aus, bei der Sammler bereit sind, das Doppelte hinzulegen. Dagegen bleibt dem 959 eine nennenswerte Motorsportlaufbahn verwehrt, denn die „Gruppe B" wird eingestellt.

Zukunftsträger: In den 959 baut Porsche fast alles ein, wozu man technisch imstande ist.

Diverse Stilelemente: Dachlinie und Heckleuchtenband vom Serien-911, Heckflügel nach Zeitgeist.

Nur von Könnern auszuloten: Erst Profis wie Walter Röhrl (im Bild) bewegen den 959 richtig schnell.

Rare Rennversion: Der 959 tritt bei Langstrecken-Rallyes an. Als 961 (Bild) erringt er in Le Mans einen Klassensieg.

Noch exklusiver

Bei „Porsche Exclusive" entstehen ganz besondere 911.

Ende der 1970er-Jahre sorgt im Rennsport der vom 911 abgeleitete 935 für Furore. Besonders markant sind seine fehlenden Rundscheinwerfer, die sich manch ein zahlungskräftiger Kunde auch für seinen Straßen-911 wünscht. Mit einer kleinen Spezialistenabteilung gibt Porsche schließlich nach und fertigt die Flachbauten mit Klappscheinwerfer auf ausdrücklichen Kundenwunsch. Selbst vom Typ 964 entstehen noch einige Exemplare. Doch es ist nicht nur dieses Anliegen, das bei Porsche Exclusive in Erfüllung geht: Ob Farb- oder Materialwünsche oder individuelle Details – solange die Sicherheit nicht gefährdet ist und das Geld stimmt, hat der Kunde das Sagen.

Kühner wird Porsche 1987 und stellt den 911 Carrera Speedster vor. Er ist leichter und niedriger als das 911 Carrera Cabrio, antriebstechnisch jedoch unverändert. Markant sind seine flache Windschutzscheibe und die Höcker hinter den Vordersitzen, die den Wagen zum reinen Zweisitzer machen. Besonderer Clou: Die Frontscheibe und der Beifahrersitz können demontiert werden, sodass eine Haube über den Fahrgastraum passt, die nur die Öffnung für den Fahrer ausspart – Monoposto-Feeling für 911-Piloten.

Auch wenn die Produktion des 911 Carrera Speedster in Windeseile völlig ausverkauft ist und satte Aufpreise gezahlt werden, steckt Porsche wieder in der Krise. „Der 911 hätte konsequenter weiterentwickelt werden müssen", heißt es im Unternehmen. 1987 gibt Peter W. Schutz den Vorstandsvorsitz ab und überlässt es seinem Nachfolger Heinz Branitzki, die nächste Generation des 911 fertig zu entwickeln.

Krönung zum Schluss: Weil es die Tuner vormachen, bietet Porsche den 911 Turbo ab 1987 auch als Targa und Cabrio an.

MODELLÜBERSICHT

	Produktion*	Länge x Breite x Höhe (mm)	Radstand (mm)	Leergewicht (kg)	Hubraum (cm³)	Leistung (PS)	Drehmoment (Nm)	V max (km/h)	0-100 km/h (s)
911	1973-1975	4.291 x 1.610 x 1.320	2.271	1.075	2.687	150	235	215	8,5
911	1975-1977	4.291 x 1.610 x 1.320	2.271	1.075	2.687	165	235	220	8,0
911 S	1973-1975	4.291 x 1.610 x 1.320	2.271	1.075	2.687	175	235	225	7,6
911 Carrera	1973-1975	4.291 x 1.652 x 1.320	2.271	1.075	2.687	210	255	240	6,3
911 Carrera	1975-1977	4.291 x 1.652 x 1.320	2.271	1.120	2.994	200	255	233	6,5
911 SC	1977-1980	4.291 x 1.652 x 1.320	2.271	1.160	2.994	180**	265	225	7,0
911 SC	1980-1983	4.291 x 1.652 x 1.320	2.271	1.160	2.994	204	267	235	6,5
911 SC/RS	1984	4.235 x 1.775 x 1.290	2.272	1.057	2.994	250	250	255	5,3
911 Carrera	1983-1989	4.291 x 1.652 x 1.320	2.272	1.160***	3.164	231	284	245	6,1
911 Car. Speedster	1988-1989	4.291 x 1.775 x 1.320****	2.272	1.290	3.164	231	284	245	6,1
911 Turbo	1974-1977	4.291 x 1.775 x 1.320	2.272	1.140	2.994	260	343	250	5,5
911 Turbo 3.3	1977-1989	4.291 x 1.775 x 1.310	2.272	1.300*****	3.299	300	412	260	5,4

*   Alle Modelle auch als Targa verfügbar (Ausnahme: 911 SC/RS, 911 Carrera Speedster und 911 Turbo)
       911 SC, 911 Carrera 3.2 und 911 Turbo 3.3 zudem auch als Cabrio erhältlich

**   Ab 1979: 188 PS

***   Ab 1996: 1.210 kg

****   Schmalversion: 4.291 x 1.652 x 1.320 mm

***** Ab 1986: 1.335 kg

DER HALBHERZIGE

Das G-Modell ist überholt,
doch Porsche holt mit dem
neuen Typ 964 nicht zum
Großangriff aus.

Die 1980er-Jahre haben ihre eigenen Gesetze. Anders zu sein und mit Gewohntem zu brechen wird zum globalen Trend in allen Bereichen des Lebens – auch im Automobilbau. Designs aus den 1970er-Jahren gelten über Nacht als überholt. Zusätzlich lassen neue Technologien bestehende Autos alt ausschauen. Das spürt sogar der 911.

Porsche befindet sich zu Beginn des Jahrzehnts in einer guten Ausgangslage: Die Verkaufszahlen steigen stetig, und der günstige Wechselkurs des US-Dollars beschert dem Unternehmen satte Gewinne. Zudem erfüllt (zunächst) der neue 944 mit Frontmotor die in ihn gesetzten Erwartungen, und im Motorsport ist Porsche sowohl in der Langstrecken-WM als auch in der Formel 1 das Maß der Dinge.

Ein Trendthema dieser Zeit beschäftigt die Unternehmensleitung unter der Führung des Vorstandsvorsitzenden Peter W. Schutz schon früh: der Allradantrieb. In unterschiedlichen Projekten erprobt man das Thema (siehe Seite 49), bevor klar ist, dass zukünftig auch der 911 mit 4x4-Technik erhältlich sein soll.

Nachgeschoben: Die hinterradgetriebene Version, der 911 Carrera 2, erscheint erst, nachdem die Allradversion auf dem Markt ist.

Auch stilistisch stehen die Entwickler vor einer Mammutaufgabe. Zunächst ist keineswegs sicher, dass der neue Sportwagen 911 heißen wird – letztendlich hält man aber daran fest und beschließt, das zum modernen Klassiker gereifte G-Modell stilistisch zu überarbeiten. Die Silhouette und wesentliche Elemente von Bug und Heck bleiben dabei unangetastet. Stattdessen werden Kanten geglättet und die Stoßfänger viel stärker (aber immer noch nicht vollständig) integriert.

Äußerlich nicht vom Bruder zu unterscheiden: Der 911 Carrera 4 (hier als Targa, was seinerzeit kaum gefragt ist).

Motor hinten, Antrieb überall

Porsche prüft gründlich die Vorteile des Allradantriebs, bevor er Einzug in den 911 hält – und seit 1988 durchgängig verfügbar ist.

Anfang der 1980er-Jahre ist der Allradantrieb das Topthema im Autobau. Angestachelt durch den Erfolg des Audi Quattro kommt kein Premium-Hersteller umhin, entsprechende 4x4-Versionen anzubieten. Zu diesem Zeitpunkt hat auch Porsche bereits Erfahrungen gesammelt: Auf der IAA 1983 zeigen die Schwaben einen 911 SC Cabrio mit Allradantrieb – ein Prototyp, der allerdings im Schatten des spektakuläreren Concept-Cars „Gruppe B" steht. Für Aufsehen sorgt im Folgejahr auch ein Rallye-911 (Porsche 953), der über permanenten Allradantrieb verfügt. Er gewinnt auf Anhieb die Rallye Paris–Dakar. Antriebsseitig bildet er die Basis des Allradantriebs im Porsche 959 (siehe Seite 43), der als erster Serien-Porsche 4x4-Technik hat. Allradtechnik gilt zu diesem Zeitpunkt für jeden Fahrzeughersteller als absolutes Kompetenzthema. Doch bei Porsche hat es noch einen zweiten wichtigen Aspekt: Die Kraftverteilung auf alle vier Räder macht die Autos gutmütiger, sicherer und alltagstauglicher. Genau das hat man auch im Auge, als 1988 der Typ 964 mit Allradantrieb vorgestellt wird. Letztlich macht er Porsche-Fahren einfacher und erweitert den Kundenkreis.

Puristen rümpfen anfangs die Nase, müssen aber einsehen, dass der 911 Carrera 4 trotz Mehrgewichts bei entsprechenden Fahrbedingungen seinem hinterradgetriebenen Bruder überlegen ist. Hinzu kommt, dass Porsche seit dieser Zeit das Antriebskonzept weiterentwickelt: Heute ist der Allradantrieb auch ein Garant dafür, hohe Motorleistungen zuverlässig auf die Straße zu bringen.

Entwicklungsziel: Auch die Allradmodelle macht Porsche bei Gewicht und Handling hecklastig.

Vorreiter: Das 911 SC Cabrio gibt auf der IAA 1983 einen Ausblick auf die Allradentwicklung der Folgezeit.

Integrierte Lösung: Die Einbeziehung der Stoßfänger in die Karosserie ist die zentrale stilistische Leistung des Typ 964.

Aus heutigem Blickwinkel schimmert der Vorgänger zwar noch durch, doch für die damalige Zeit wirkt der als Typ 964 bezeichnete Wagen schnittig und modern – alleine schon der Verzicht auf schwarze Zierelemente prägt in jener Ära das Erscheinungsbild wesentlich.

Doch das neue Design des 911 ist nicht nur eine Frage der Optik. Mindestens genauso wichtig ist die Aerodynamik. Ein guter Luftwiderstandsbeiwert, cW-Wert genannt, der gleichzeitig Umweltbewusstsein und Leistungseffizienz symbolisiert, wird im Deutschland der 1980er-Jahre zum Verkaufsargument. Mit 0,40 zählt hier das G-Mo-

Klappe auf, Abtrieb los

Der ausfahrbare Heckflügel ist beim Typ 964 eine Sensation, heute längst Markenzeichen des 911 Carrera.

Die Porsche-Designer stecken in einem Dilemma: Aerodynamischer Abtrieb wird immer wichtiger. Er lässt sich am besten mit Spoilern erzeugen, wie der 911 Turbo eindrucksvoll beweist. Doch die Designer wissen auch, wir markant die klassische 911-Silhouette ohne Heckflügel ist. Zum Geniestreich wird der elektrisch ausfahrbare Spoiler, der sich – je nach Modell – zwischen 80 und 120 km/h automatisch aufstellt oder per Tastendruck aktiviert werden kann. Letzteres ist auch deshalb wichtig, um im Zweifelsfall keine Rückschlüsse Außenstehender (etwa der Polizei) auf die Fahrgeschwindigkeit zu erlauben. Heute kommt kein Porsche-Sportwagen mehr ohne diese Technik aus: Neben Komplettspoilern wie beim 911 gibt es inzwischen auch ausfahrbare Abrisskanten (Boxster), Spaltflügel (Cayman und 911 Turbo) und sich entfaltende Flügel mit größerer Breite (Panamera).

dell zu den Schlusslichtern. Und obwohl beispielsweise die Scheinwerfer weiterhin steil stehen, erreicht der Typ 964 immerhin 0,32 – auch dank eines erstmals flachen Unterbodens.

Und noch etwas ganz anderes trägt zur guten Aerodynamik bei, was ein Novum in der gesamten Branche ist: ein ausfahrbarer Heckspoiler (siehe Seite 50), der zum technischen Statussymbol wird und bis heute in allen Carrera-Modellen zu finden ist. Der ausfahrbare Spoiler reduziert allerdings nicht nur den Auftrieb bei hoher Geschwindigkeit, er verbessert auch die Motorkühlung – ein wichtiges Thema beim luftgekühlten Boxer.

Trotz Beibehaltung dieses Kühlprinzips müssen die Techniker um Helmuth Bott tief in die Trickkiste greifen, um das Triebwerk zukunftsfähig zu machen. Schließlich beherrscht in den 1980er-Jahren noch ein weiteres zentrales Thema die Autobranche: Emissionswerte und Abgaskatalysator. Zwar gibt es bereits vom G-Modell Kat-Versio-

Alles Gute zum Geburtstag: Jubiläumsmodell des 911 von 1993.

nen für die USA, Schweiz und Deutschland, beim Typ 964 ist die Abgasentgiftung obligatorisch. Stolz rühmt man sich bei Porsche, erster Sportwagenhersteller zu sein, dessen Fahrzeuge stets die gleiche

Leistung haben, unabhängig davon, ob ein Katalysator eingebaut ist oder nicht.

Im Fall des neuen 911 sind das exakt 250 PS – 19 mehr als der katalysatorlose Vorgänger. Dazu ist al-

Breit, aber geglättet: Der 911 Turbo strahlt nicht mehr die Aggressivität früherer Jahre aus.

Schwere Zeiten überall

Gemessen an seinen Brüdern fällt die Motorsportlaufbahn des Typ 964 eher bescheiden aus. Erst gegen Ende platzt der Knoten.

Ende der 1980er-Jahre liegt der GT-Sport danieder. Große Sportprototypen beherrschen das Sportwagengeschehen, an dem Porsche mit Modellen wie dem 956 und 962 beteiligt ist. Die Nachfrage nach GT-Fahrzeugen für die Rennstrecke ist begrenzt.

Porsche experimentiert daher, schließlich wartet in Weissach eine ganze Kundensportabteilung darauf, beschäftigt zu werden. So entsteht eine Clubsportvariante vom 911 Carrera 4, die aufgrund ihrer Allradtechnik aber kaum Einsatzmöglichkeiten bietet. Der 911 Carrera RS ist wiederum zu zahm, um als echter Rennwagen für Furore zu sorgen. Da trifft es sich gut, dass Anfang der 1990er-Jahre das Interesse an GT-Fahrzeugen für die Rennstrecke wieder anzieht. Pünktlich zum

30. Geburtstag des 911 stellt auch Porsche wieder ein entsprechendes Fahrzeug vor. Als Basis dient der 911 Carrera RS. Er bekommt einen 3,8-Liter-Motor, der gut 350 PS stark ist, einen Monsterflügel und wird komplett ausgeräumt. Der Wagemut wird belohnt, denn überraschend kann sich Porsche beim 24-Stunden-Rennen von Le Mans 1993, wo es erstmals wieder eine GT-Wertung gibt, den Klassensieg mit dem 911 Carrera 3.8 RSR sichern. Er bleibt auch dann noch brandgefährlich, als zwei Jahre später der Nachfolger in der Szene mitmischt. Parallel dazu entsteht auch der 911 Turbo S Le Mans GT, der ungleich potenter als der 911 Carrera 3.8 RSR ist. Sein Triebwerk ist eine Ableitung von den alten Gruppe-C-Motoren, die nun aus 3,2 Liter Hubraum 474 PS erreichen. 1993 bleibt ihm der Sieg in Le Mans nach einem Unfall verwehrt (trotz Poleposition in der GT-Klasse durch Walter Röhrl), bevor er 1994 zum Star der neuen BPR-Rennserie wird.

lerdings ein komplett neues Triebwerk fällig. Es hat 3,6 statt 3,2 Liter Hubraum und Doppelzündung, was das Gemisch sauberer verbrennen lässt, jedoch zu einem erhöhten Aufwand bei der Luftkühlung führt. Sie bekommt man bei Por-

Blick in den 911 Carrera 2 (1989)

Erfolgreich in den USA: der 911 Turbo 3.6 IMSA von 1993.

Der Typ 964 bekommt im Zuge des Allradantriebs ein neues Fahrwerk. Davon profitiert auch der 911 Carrera 2.

sche nicht auf Anhieb in Griff, weshalb sich die Auslieferung des bereits im Sommer 1988 vorgestellten Modells bis ins Jahr 1989 verzögert.

Der Allradantrieb erfordert ein völlig neues Fahrwerk, was allerdings kein Luxus ist, denn über weite Bereiche hinweg basiert es immer noch auf der Konstruktion von 1963. Immerhin schafft man es, die typische Achslastverteilung beizubehalten, sodass 59 Prozent des Gewichts auf der Hinterachse ruhen. Auch die Grundeinstellung des Allradantriebs, bei der 61 Prozent der Kraft auf die Hinterräder und 39 Prozent auf die Vorderräder übertragen werden, sorgt für die baureihentypische Hecklastigkeit. Trotzdem registrieren die Testfahrer auf der Nürburgring-Nordschleife

Ein Novum ist die optionale Tiptronic. Sie macht den 911 in Regionen wie den USA für mehr Kunden interessant.

Der 911 Carrera 2 ist kein Leichtgewicht. Im Vergleich zum Vorgänger legt er um 140 Kilogramm zu.

Der ausfahrbare Heckspoiler verbessert bei hoher Geschwindigkeit auch die Kühlung des Triebwerks.

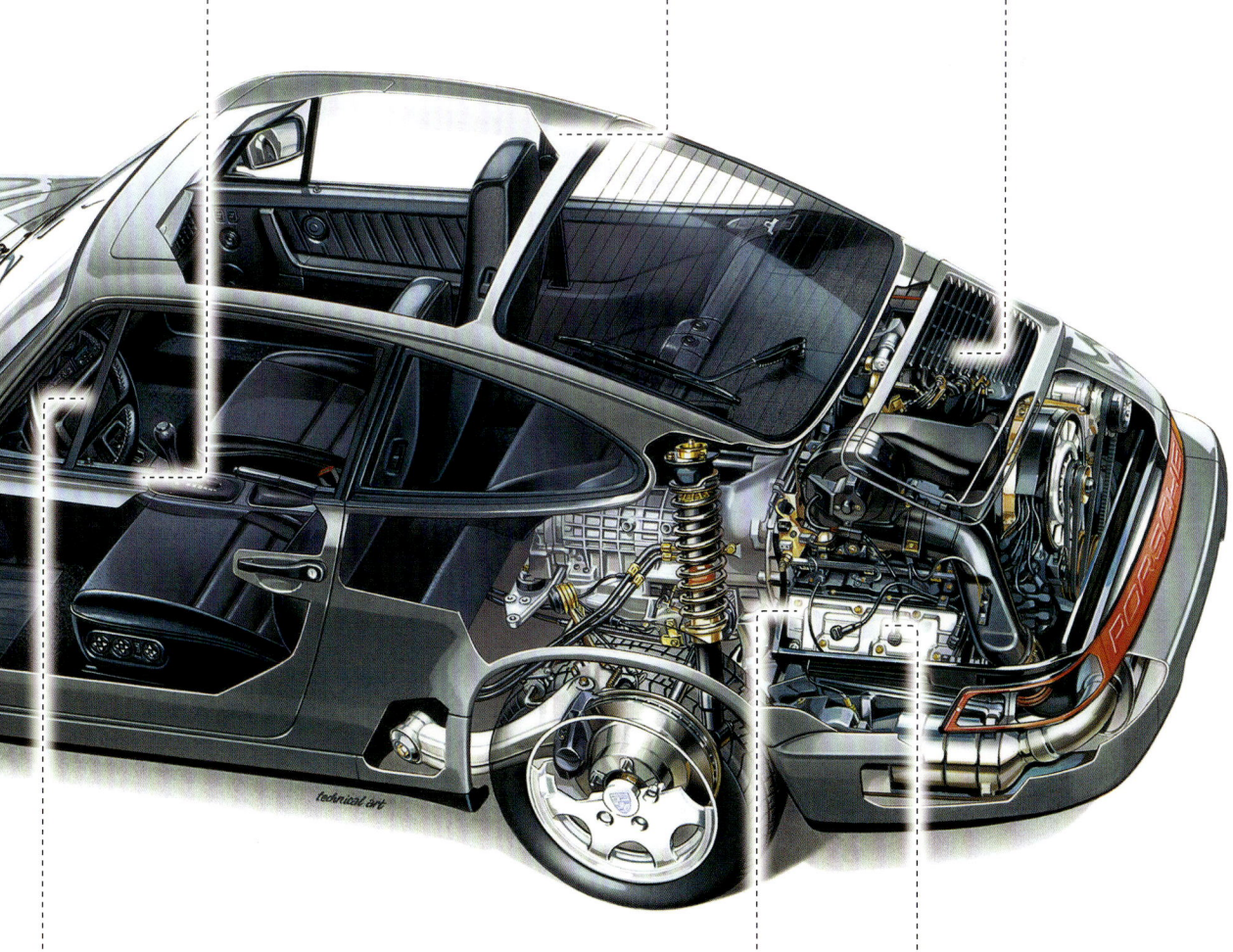

Letztmalig kommt das klassische 911-Lenkrad mit vertikaler Strebe zum Einsatz – auch mit Airbag.

Trotz des Anstiegs von 3,2 auf 3,6 Liter Hubraum steigt die Leistung nur um 19 PS.

Die Doppelzündung leistet einen wesentlichen Beitrag dazu, den 911 an die strengeren Abgasnormen anzupassen.

Spar und Spaß: Der 911 Speedster ist billiger als das 911 Carrera 2 Cabrio, aber ungleich exklusiver.

deutliche Traktionsvorteile im Vergleich zum hinterradgetriebenen Vorgänger. Dass er trotz des hohen Allradgewichts mit 260 km/h deutlich schneller ist, muss allerdings als Erfolg der Aerodynamiker betrachtet werden.

Trotzdem ist der 911 Carrera 4 – die zusätzliche Ziffer besitzen fortan alle Allradmodelle – nicht unumstritten. Aufgrund deutlich gestiegener Entwicklungskosten steigt sein Preis auf rund 115.000 DM – 30.000 DM mehr als das noch parallel angebotene G-Modell mit Hinterradantrieb. Selbst der 911 Turbo ist nur 20.000 DM teurer. Kurz nachdem endlich die ersten Allradmodelle an die Kunden ausgeliefert werden, legt Porsche nach: Der hinterradgetriebene 911 Carrera 2 (die Zusatzzahl ist tatsächlich Namensbestandteil, verschwindet aber wieder beim Nachfolger) erscheint als Coupé, Targa und Cabrio. Letzteres besitzt serienmäßig ein elektrisches Verdeck, der Targa

Deutlich zu sehen: Das Grunddesign von 1963 und Proportionen nutzt auch der Typ 964 weiter, hier als 911 Turbo.

Ein Porsche gewinnt immer

Kampf um jeden Millimeter: Gerade der internationale Supercup (hier mit dem Typ 996) zieht Profipiloten an.

Coole Atmosphäre: Traditionell fährt der Supercup (hier mit dem Typ 993) im Rahmen der Formel 1.

1990 ruft Porsche den Carrera Cup ins Leben. Er gilt als der professionellste Markenpokal der Welt.

Als Mitte der 1980er-Jahre der Porsche 944 in eine Absatzkrise rutscht, entsteht der erste Markenpokal von Porsche, der 944 Turbo Cup. Er untermauert den sportlichen Anspruch des Fahrzeugs eindrucksvoll. Wenige Jahre später hat auch der 911 ein Imageproblem, gilt doch der Typ 964 als nicht ganz so bissig. So wird der 944 Turbo Cup eingestellt und erstmals 1990 der Carrera Cup ausgeschrieben. Dazu baut Porsche ein Cup-Fahrzeug auf, das auf dem 911 Carrera 2 basiert. Es hat 265 PS und ist gewichtsreduziert. Spätere 911-Generationen werden indes konsequenter auf ihren Renneinsatz getrimmt (siehe Seite 122). Die Rechnung geht auf, die Serie lockt Rennprofis an. Inzwischen gibt es den Carrera Cup in acht Ländern/Regionen sowie seit 1993 den Porsche Supercup, der im Rahmenprogramm der Formel 1 antritt.

Frühzeit: Anfangs setzt der Carrera Cup (hier mit dem Typ 964) noch auf vergleichsweise seriennahe Fahrzeuge.

55

das klassische Bügel-Layout. Auch der 911 Carrera 4 ist in diesen Varianten erhältlich.

Jetzt zeigt sich, dass es faktisch 13.000 DM sind, die der Allradantrieb extra kostet – immerhin rund zehn Prozent des Gesamtpreises. Vor allem wird aber deutlich, um wie viel schwerer der hinterradgetriebene Typ 964 im Vergleich zum G-Modell ist: ganze 140 Kilogramm. Das verunsichert Sportwagen-Fans genauso wie die Gesamtentwicklung der Marke: Wegen des schlechteren Dollar-Wechselkurses sinkt

die Rendite bei gleichzeitig deutlich rückläufigen Verkaufszahlen. Vorstandsvorsitzender Schutz räumt 1987 seinen Posten, Heinz Branitzki macht den Job nur zwei Jahre, und auch Arno Bohn, der zur Markteinführung des Typ 964 kommt, bleibt nicht lange (siehe Folgekapitel).

Während seiner kurzen Produktionszeit kommt der Typ 964 nicht in den Genuss eines echten Facelifts, erhält aber einige bemerkenswerte Modifikationen. So verfügen ab 1991 fast alle Modelle serienmäßig über Fahrer- und Beifahrer-Air-

bag. Dazu passt, dass von Beginn an erstmals ABS an Bord ist. Als Option für eine komfortorientierte Kundschaft bietet Porsche ab 1990 erstmals auch ein Automatikgetriebe an, Tiptronic genannt (siehe Seite 82). Zwar lässt es manuelle Gangwechsel mittels Schaltstock zu, verstärkt aber den zweifelhaften Ruf des 911 Carrera 2, nicht sonderlich bissig zu sein.

Hier muss der neue 911 Turbo helfen, der 1990 erscheint. Aus Kostengründen wird sowohl eine eigenständige Karosserieform mit

Evolution: Auch wenn es den 911 Turbo nur mit Hinterradantrieb gibt, so ist er besser fahrbar als früher.

Anleihen beim 959 verworfen als auch der Allradantrieb. Stattdessen wird die Carrera-Karosserie verbreitert sowie ein großer, feststehender Heckflügel platziert. Dieser fügt sich viel harmonischer ins Gesamtbild ein, was den 911 Turbo weniger aggressiv erscheinen lässt.

Weniger stark als von Fans erhofft, fällt der Leistungszuwachs auf 320 PS aus, der den Wagen aufgrund der guten Aerodynamik immerhin 270 km/h schnell macht. Allerdings steckt in dem alten 3,3-Liter-Triebwerk viel Entwicklungsarbeit, die es ermöglicht, dass der 911 Turbo in den USA wieder zulassungsfähig wird. Um der leistungsorientierten und zahlungswilligen Spitzenkundschaft ein angemessenes Angebot machen zu können, legt Porsche bereits im Fol-

Die Performance des Typ 964 entspricht anfangs nicht den Erwartungen der Fans

gejahr den 911 Turbo S auf: 381 PS stark, aber auch 295.000 DM teuer. Das ist vielleicht zu viel, denn Porsche verkauft gerade einmal 86 Fahrzeuge davon. Größerer Erfolg ist dagegen einer Überarbeitung des 911 Turbo im Jahr 1993 beschieden: Kurz vor dem Auslaufen des Typ 964 bekommt er ein neues Triebwerk mit 360 PS, das ihn nunmehr 280 km/h schnell macht. Obwohl er nur einige Monate im Programm ist, findet er 1.437 Käufer.

Derweil bleiben die Verkaufszahlen der Carrera-Modelle weit hinter den Hoffungen zurück. Um die Verkäufe anzukurbeln und die sportliche Position zu untermauern, greift Porsche das alte Kürzel RS wieder auf und stellt 1991 den 911 Carrera RS vor. Er ist hinterradgetrieben, äußerlich kaum vom Serien-Carrera zu unterscheiden,

Konkurrenz im eigenen Haus

Gefährlich: Der 928 CS ist billiger als ein 911, aber fast gleich schnell.

Eine Zeit lang baut Porsche einen kostengünstigen Konkurrenten für den 911 und macht sich damit das Leben schwer.

Der Typ 964 kann vieles besser als sein Vorgänger, nur bei der Performance hapert es etwas. Aber auch als Porsche 1991 den Nachfolger des 944 vorstellt, stehen die Schwaben unter Druck: Um dem freien Fall der Verkaufszahlen der Frontmotor-Sportwagen Einhalt zu gebieten, muss der Neue exzellente Fahrleistungen aufweisen. So bekommt der neue 968 eine 240-PS-Maschine, einen Vierzylindermotor.

In der Folgezeit kommt es bei den Entwicklerteams von 911 und 968 fast zum Wettstreit, wer den besseren Sportwagen hat. Verschärft wird die Situation dadurch, dass Porsche 1992 mit dem 968 CS eine sportliche Leichtversion nachlegt, die zwar nicht mehr PS hat, aber billiger ist. Sie kostet 72.500 DM gegenüber den 112.420 DM des 911 Carrera 2, hat nur zehn PS weniger als dieser und ist kaum langsamer.

In diesem Wettstreit entsteht sogar eine Extremversion des 968: der 968 Turbo S. Er schießt preislich zwar am 911 Carrera 2 weit vorbei, leistet aber 305 PS und ist die perfekte Ausgangsbasis für den Motorsport. Als kurz darauf die Baureihe eingestellt wird, legt man bei Porsche fest, dass künftig der Respektabstand zwischen „kleinem" Sportwagen und 911 deutlicher gewahrt sein muss.

Kurzes Überholmanöver: Der 968 Turbo S hängt den 911 Carrera 2 ab.

Knaller: Der 911 Turbo S ist eine starke Basis für Erfolge im Motorsport. Er hat erstmals rote Bremssättel.

zehn PS stärker durch Feinschliff am Motor, tiefer gelegt und satte 160 Kilogramm leichter. Das macht ihn merklich agiler und bei Sportwagen-Fans begehrt. Tatsächlich entsteht erstmals eine Art Hype um einen Typ 964. Der nur zwölf Monate lang gebaute 911 Carrera RS ist schnell ausverkauft, sodass man sich bei Porsche 1993 entschließt, nochmals einen 911 Carrera RS anzubieten – diesmal aber im Turbo-Look mit großem, feststehendem Heckflügel, 3,8-Liter-Saugmotor und 300 PS. Noch stärker steigt indes der Preis, der mit 225.000 DM

den 360 PS starken 911 Turbo fast zum Sonderangebot macht.

Das Aus für den Typ 964 kann dieser Extremsportler genauso wenig aufhalten wie der 1992 vorgestellte 911 Speedster. Er ist als reiner Zweisitzer ausgeführt, hat eine niedrige Windschutzscheibe und Höcker hinter den Sitzen. Trotzdem setzt er weniger auf den Faktor Exklusivität als vielmehr auf Kostensenkung, schlägt er doch mit 8.500 DM weniger zu Buche als das gleich starke 911 Carrera 2 Cabrio. Dass der 911 Speedster nicht den Kultstatus seines Namensvetters er-

reicht, liegt auch daran, dass er praktisch nur in der unspektakulären Schmalversion angeboten wird (14 Exemplare entstehen in Einzelanfertigung als Breitversion).

Trotz Krise denkt Porsche an den 30. Geburtstag des 911. So entsteht in einer Auflage von 911 Exemplaren die Edition „30 Jahre 911". Sie basiert auf dem 911 Carrera 4 Coupé, erhält aber den Turbo-Look, jedoch ohne feststehenden Heckflügel. Als besonderes Erkennungszeichen trägt der Jubilar erstmals seit über zehn Jahren wieder den Schriftzug 911 am Heck.

Schärfster „Sauger": Spitze der Evolution ist der 911 Carrera RS 3.8, der auffälliger als sein Bruder mit 3,6-Liter-Motor ist.

MODELLÜBERSICHT

	Produktion	Länge x Breite x Höhe (mm)	Radstand (mm)	Leergewicht (kg)	Hubraum (cm³)	Leistung (PS)	Drehmoment (Nm)	V max (km/h)	0-100 km/h (s)
911 Carrera 2	1989-1993	4.250 x 1.652 x 1.310	2.272	1.350	3.600	250	310	260	5,7
911 Carrera 2 Targa	1989-1993	4.250 x 1.652 x 1.310	2.272	1.350	3.600	250	310	260	5,7
911 Carrera 2 Cabrio	1989-1993	4.250 x 1.652 x 1.310	2.272	1.350	3.600	250	310	260	5,7
911 Carrera 4	1988-1993	4.250 x 1.652 x 1.310	2.272	1.450	3.600	250	310	260	5,7
911 Carrera 4 Targa	1989-1993	4.250 x 1.652 x 1.310	2.272	1.350	3.600	250	310	260	5,7
911 Carrera 4 Cabrio	1989-1993	4.250 x 1.652 x 1.310	2.272	1.350	3.600	250	310	260	5,7
911 Carrera RS	1991-1992	4.250 x 1.652 x 1.270	2.272	1.220	3.600	260	325	260	5,3
911 Carrera RS 3.8	1993	4.275 x 1.652 x 1.270	2.272	1.249	3.746	300	360	271	5,2
911 Speedster	1992-1993	4.250 x 1.652 x 1.280	2.272	1.350	3.600	250	310	260	5,7
911 Turbo	1990-1993	4.250 x 1.775 x 1.310	2.272	1.470	3.299	320	450	270	5,0
911 Turbo S	1991-1992	4.275 x 1.775 x 1.270	2.272	1.290	3.299	381	490	290	4,6
911 Turbo 3.6	1993	4.250 x 1.775 x 1.310	2.272	1.470	3.600	360	520	280	4,8

DER BEWAHRER

Der Typ 993, der letzte luftgekühlte 911,
sichert Porsche 1993 das Überleben.

Dunkle Wolken hängen 1992 über Zuffenhausen. Porsche ist nahe am Bankrott. Die Produktionszahlen sacken dramatisch ab. Nur noch knapp mehr als 20.000 Fahrzeuge verlassen im Geschäftsjahr 1991/1992 das Werk. Längst bildet sich eine lange Schlange an Unternehmen, die bereitstehen, Porsche zu übernehmen: Toyota, Honda, Volkswagen und vor allem Mercedes-Benz, wo man bereits entsprechende Rückstellungen bilanziert, um Porsche „im Ländle" zu halten.

Doch Ferry Porsche, der zu diesem Zeitpunkt bereits 72 Jahre alt ist, bleibt hartnäckig und sucht nach dem passenden Mann, der das Unternehmen sanieren kann – eine Hopp-oder-Topp-Aufgabe, denn Fehler darf sich jetzt niemand mehr erlauben. Zunächst muss Vorstandsvorsitzender Arno Bohn gehen, während Porsche bei nahezu allen Topmanagern der Automobilbranche anklopft und sich einen Korb nach dem anderen einfängt.

Schließlich fällt die Wahl auf den Produktionsvorstand Wendelin

Zwitter zwischen Coupé und Cabrio: Mit dem neuen 911 Targa beschreitet Porsche ab 1995 völlig neue Wege.

Wiedeking, der erst seit einem Jahr wieder bei Porsche ist. Sicher sind sich die Porsche-Eigentümer bei ihrer Entscheidung nicht, weshalb man Wiedeking erst einmal zum Vorstandssprecher macht, bevor er ab 1993 tatsächlich Vorsitzender wird. Der 39-Jährige greift sofort durch, denn Porsches Probleme sind kein Geheimnis: 928 und 968 verkaufen sich schlecht, verfügen kaum über Gleichteile (untereinander wie zum 911) und sind schlichtweg unrentabel. Beide werden binnen weniger Monate eingestellt.

Und der 911? Der ist als Typ 964 zu wenig bissig, zu wenig zukunftsgewandt – aber das Kernstück der Marke. Er muss besser werden und günstiger zu produzieren sein. Beim

Gelungenes Gesamtbild: Die flacheren Scheinwerfer und die nicht mehr so exponierten Kotflügel tun dem 911 gut.

Typ 964 vergehen 120 Stunden, bis ein 911 Carrera 2 fertig montiert ist – beim Nachfolger sind es später 76. Außerdem führt Wiedeking schlanke Just-in-Time-Prozesse in der Fertigung ein und spart alleine damit gewaltige Summen.

Die Entwicklung des neuen 911 läuft längst, als Wiedeking seinen Posten übernimmt. Manche Weichen sind schon gestellt. Zum Beispiel die Beibehaltung der Luftkühlung des Boxermotors. Dabei ist die Wasserkühlung längst erprobt. Und auch am Design wird schon gefeilt. Der neue Chefdesigner Harm Lagaay steht vor einer schwierigen Mission: Erstmals in der bis dahin 30-jährigen Geschichte des 911 darf er die Proportionen verändern.

Das sorgt für großes „Oh" und „Ah", als der neue 911 vom Typ 993 auf der IAA 1993 vorgestellt wird. Das gesamte Exterieur wirkt jetzt wie aus einem Guss. Die Stoßfänger, die beim Typ 964 noch angedeutet zu erkennen sind, sind nun vorn wie hinten vollständig in die Karosserie integriert. Deutlich flacher fallen jetzt auch die beiden Frontscheinwerfer aus. Sie stehen nicht mehr so aufrecht, zumal die vorderen Kotflügel viel dezenter sind und die Gepäckhaube dazwischen nicht mehr so tief abfällt.

Ähnlich elegant ist das Heck. Zwar bleibt der typische Hüftschwung vorhanden, ist jetzt aber flacher. Das macht sich auch im weiterhin verwendeten durchgängigen Leuchtenband bemerkbar, das jetzt schräg steht. Natürlich besitzt auch der Typ 993 einen ausfahrbaren Heckspoiler, der den Auftrieb reduziert und der, sofern eingeklappt, die Silhouette nicht verschandelt. Einzig Kunden in den USA haben das Nachsehen, weil Fahrzeuge für ihren Markt zusätzlich mit einem dünnen Spoilerbügel ausgestattet sind, in dem sich die inzwischen obligatorische dritte Bremsleuchte befindet.

Notnagel mit Kultcharakter

Der Typ 993 entsteht in einer schwierigen Zeit und wird keine fünf Jahre lang produziert. Trotzdem ist er heute begehrt.

Als die Entwicklung des Typ 993 startet, ist die Situation bei Porsche bereits zu verfahren. Es fehlt an Geld und Möglichkeiten, um beim nächsten 911 den ganz großen Wurf zu laden. So entsteht ein Fahrzeug, das sich wohl in vielen Punkten vom Vorgänger deutlich unterscheidet, in dem aber letztlich nur ein Teil aller Ideen umgesetzt ist. Das erklärt, weshalb nach wenigen Jahren bereits ein Nachfolger erscheint: So kurz wie der Typ 993 wird kein anderer 911 gebaut.

Von Beginn an genießt der Typ 993 bei Fans einen hohen Stellenwert. Sie ahnen, dass mit ihm eine Ära zu Ende geht und der Nachfolger mit vielem brechen wird. Damit haben sie recht, was sich heute auch an den überdurchschnittlich hohen Gebrauchtwagenpreisen für den Typ 993 widerspiegelt.

Begehrt und wertstabil: Ein 911 Carrera (Typ 993) wird heute im guten Zustand zum Neupreis gehandelt.

Mit dem Rücken zur Wand ist man bei Porsche bereit, einen technischen Neuanfang zu wagen. Dazu gehören auch ein V8-Aggregat und ein von Entwicklungschef Ulrich Bez initiierter 2,5-Liter-V6-Motor, der eigentlich für einen eventuell viertürigen Porsche geplant ist. Doch weil in diesen Jahren die Firmenkasse leer ist, wird nicht nur die Limousine ersatzlos gestrichen, sondern auch die Motorenkonzepte. Zurück bleibt der 3,6-Liter-Boxermotor aus dem Typ 964.

Dieser wird an ein Sechsganggetriebe gekoppelt nur in Details weiterentwickelt, die ihn wartungsfreundlicher und vor allem stärker machen. 272 PS leistet das Triebwerk nun, immerhin 22 PS (knapp zehn Prozent) mehr als im Vorgän-

Das größte Schiebedach der Welt

„Targa" zählt zu den markantesten Begriffen im Porsche-Vokabular. Nicht weniger einprägsam ist die Gestalt eines 911 Targa. Das ändert sich aber mit dem Typ 993.

Handarbeit ist in den 1990er-Jahren nicht „in". Cabrios müssen mit einem elektrischen Verdeck ausgestattet sein, zumindest im Porsche-Segment. Das klassische Targa-Dach und ein Verdeckprinzip beim 911 Carrera

Cabrio, das eine manuell zu befestigende Persenning vorsieht, passen nicht in die Zeit – zumal man auch in Zuffenhausen weiß, dass Mercedes-Benz bereits den SLK mit praktischem Metall-Klappdach erprobt. Die Antwort gibt Porsche mit dem neuen 911 Targa. Er besitzt ein großes Glasdach, das auf Knopfdruck nach hinten fährt oder per Sonnenschutzrollo abgedunkelt werden kann. Obwohl die eigentliche Öffnung größer als beim Vorgänger ist, begrenzen die feststehenden Dachholme das Gefühl des Offenfahrens. Doch die Technik bleibt und wird bei den Typen 996 und 997 weiter verbessert.

Rarität, aber nicht mehr so spektakulär wie früher: Flachbaufront mit Klappscheinwerfen als Einzelanfertigung.

ger. Die tun ihm auch gut, denn trotz aller Bemühungen wird der Typ 993 nicht zum Leichtgewicht – im Gegenteil: Er legt nochmals leicht zu. Trotzdem fährt sich der neue 911 spürbar agiler (nicht zuletzt dank der neuen Hinterachs-

konstruktion), sprintet in nur 5,6 Sekunden auf Tempo 100 und erreicht eine Höchstgeschwindigkeit von 270 km/h.

Doch es sind nicht nur Design und Fahrleistungen, die den Neuen so attraktiv machen. Es ist auch der

Preis, der mit 125.700 DM kaum über dem des Vorgängers liegt. So fällt es leicht, den negativen Produktionsrekord von 1993 von rund 11.000 Porsche-Fahrzeugen zu übertreffen. Historisch bemerkenswert ist allerdings auch, dass die

Zweifach: Ab dem Typ 993 besitzen auch die Carrera-Modelle zwei Abgasendrohre.

Der Über-Elfer

Im GT-Boom der 1990er-Jahre entsteht der 911 GT1, der bis auf seinen Namen wenig mit dem Straßenklassiker gemein hat.

Porsche-Chef Wiedeking ist kein Motorsport-Fan. Doch er weiß, dass ein positiver Paukenschlag der Marke guttun würde. Deswegen gibt er grünes Licht, als es darum geht, ein GT-Fahrzeug für die 24 Stunden von Le Mans zu entwickeln – und für die BPR-Serie, eine internationale GT-Meisterschaft, die von Ex-Porsche-Mann Jürgen Barth mit initiiert ist. Die Voraussetzung dafür ist allerdings ein straßenzugelassenes Fahrzeug, das mindestens 25 Mal gebaut werden muss.

Bei Porsche geht man den umgekehrten Weg und entwickelt erst das Rennfahrzeug, von dem man dann eine Straßenversion ableitet. Auch der Name 911 GT1 kann nicht darüber hinwegtäuschen, dass der Serienbezug zweitrangig ist. Bei der Karosserieform kann man immerhin noch geneigt sein, die Silhouette des 911 herauszulesen – auch die Renn-911 der 1970er-Jahre sind wild „verbaut". Doch faktisch ist die Außenhaut

flacher und aus kohlefaserverstärktem Kunststoff. Noch drastischer ist die Antriebstechnik. Zwar arbeitet im 911 GT1 ein Sechszylinder-Boxermotor, doch dieser ist wassergekühlt und vor der Hinterachse platziert, was den Wagen zum ersten und einzigen Mittelmotor-911 der Geschichte macht. Das Turboaggregat leistet bis zu 600 PS, der Wagen ist weit über 300 km/h schnell. Während im Jahr 1996 der 911 GT1 Rundscheinwerfer im Stil des Typ 993 hat, kommen ab 1997 die „Spiegeleier-Leuchten" des Typ 996 zum Einsatz. Insgesamt werden zwei (1996) plus 21 Straßenmodelle zum Preis von 1,55 Millionen DM gebaut; ein weiteres Fahrzeug, das sich optisch nochmals deutlich vom Ausgangsmodell unterscheidet, folgt 1998. In diesem Jahr holt der 911 GT1 dann auch den Gesamtsieg in Le Mans.

Schon mit den neuen Scheinwerfern im Look des Typ 996: der 911 GT1 von 1997.

Radikale Auslegung des GT-Begriffs: 1998 bekommt der 911 GT1 eine noch aerodynamischere Gestalt mit noch weniger Bezug zum Serien-911.

Rettungsaktion der Marke einen Rückschritt bedeutet: Ab 1994 fertigt Porsche mit dem 911 nur noch ein einziges Modell – eine Situation, die letztmalig 1965 bis 1968 auftritt.

In voller Konzentration auf die eine Baureihe stellt Porsche auf dem Genfer Salon 1994 das 911 Carrera Cabrio vor. Es nutzt das gleiche Verdeckprinzip, das 1983 beim 911 SC Cabrio eingeführt wurde. Ein weiteres halbes Jahr später zeigt Porsche den 911 Carrera 4, dessen Allradtechnik eine gründliche Überarbeitung erhalten hat und fast eine Neukonstruktion ist. War zuvor die Kraftverteilung konstant, ist sie jetzt schlupfabhängig. Brems- und Sperrdifferenzial erhöhen dabei die Traktion zusätzlich. Am wichtigsten ist aber, dass der 911 Carrera 4 jetzt nur noch 50 Kilogramm mehr wiegt als die hinterradgetriebene Variante.

Plus: Als einziger Typ 993 hat der 911 Carrera RS mehr als 3,6 Liter Hubraum.

Auch wenn dem Typ 993 nicht mangelnde Sportlichkeit vorgeworfen werden kann, erscheint auch von dieser Generation eine besonders sportliche Ausführung des Saugmotor-Carrera: Der 911 Carrera RS ist hinterradgetrieben, „leergeräumt", mit Heckflügel und stärkerer Bremsanlage versehen und besitzt den 3,8-Liter-Motor mit 300 PS, der bereits im Typ 964 seinen Dienst verrichtet. Freaks lassen das Fahrzeug mit dem Clubsport-Paket ausstatten, das äußerlich an durchgängigem Frontspoiler und gigantischem Heckflügel zu erkennen ist.

Eine Frage der Anwendung: Der 911 Carrera RS (gelb) ist auch wieder mit Clubsport-Paket erhältlich (rot).

Was zu diesem Zeitpunkt noch fehlt, sind der obligatorische 911 Turbo und der 911 Targa. Exakt 30 Jahre nach dem Ur-Targa enthüllt Porsche auf der IAA 1995 ein völlig neues Konzept (siehe Seite 64). Es entfernt sich zwar weit vom klassischen Targa-Gedanken, entspricht aber im Glauben der Porsche-Manager den Ansprüchen einer komfortorientierten Kundschaft. Außerdem verschlankt es den Produktionsprozess, weil ein vom Zulieferer fertig vorbereitetes Bauteil einfach auf ein 911 Carrera Cabrio gesetzt werden kann, um eine weitere Modellvariante entstehen zu lassen. Der 911 Targa (der Zusatz Carrera wird beim Typ 993 endgültig gestrichen) ist ausschließlich mit Hinterradantrieb erhältlich.

Polizeiruf 911

Die Fahrleistungen des Porsche 911 überzeugen auch die deutsche Polizei.

Es klingt nach einem Aprilscherz, ist aber Tatsache: Auch die Polizei fährt gern Porsche. Den Beginn machen Ende der 1950er-Jahre die Autobahnpolizei in Stuttgart und Düsseldorf. Um besser Jagd auf Verkehrssünder und Verbrecher machen zu können, bestellen sie Porsche 356, sogar als Cabrio. Mitte der 1960er-Jahre folgen erste 911, die üblicherweise in Weiß gehalten sind. Sogar 911 Targa sind dabei. Im Folgejahrzehnt gelangt noch ein G-Modell an die Stuttgarter Polizei, dann wird auf 924 und 944 umgeschwenkt.
Heute sind keine Polizei-Porsche mehr im aktiven Einsatz. Ein weiß-grüner 924 wird von der Düsseldorfer Autobahnpolizei nur zu Promotion-Zwecken eingesetzt – er schützte einst Generalbundesanwalt Kurt Rebmann. Der letzte Porsche, der in den Dienst der Ordnungshüter kommt, ist ein grün-weißer Typ 993, der am 15. Juli 1996 übergeben wird. Er ist der 1.000.000 Porsche der Geschiche und eine Schenkung an die Stuttgarter Polizei. Nachdem der Wagen 2004 bei einem Unfall beschädigt wird, gelangt er nach einer Restauration zurück ins Porsche-Museum. Im Rahmen der Initiative „Tune it save" entsteht bei Tuner Techart ein Streifenwagen auf Basis des Typ 997 (siehe oben), aber lediglich zu Show-Zwecken.

Blick in den 911 Carrera (1993)

Heute im Museum: Der 1.000.000 Porsche geht an die Polizei.

Gelbe Blinkergläser bekommen „offiziell" nur die hinterradgetriebenen Modelle. Beim 911 Carrera 4 sind sie weiß.

Der 911 Targa kommt von Beginn an in den Genuss einer Motorenüberarbeitung. Die variable Ventilsteuerung VarioCam entlockt dem 3,6-Liter-Motor 285 PS. Noch im gleichen Herbst bekommen alle vier Carrera-Modelle ebenfalls das Triebwerk, was ihre Fahrleistungen geringfügig verbessert.

Noch vor dem 911 Targa erlebt auch der 911 Turbo eine Wiederbelebung: Er wird erstmals im März 1995 gezeigt und beendet damit eine gut 18 Monate dauernde Vakanz. Und vor allem gibt er dem 911 Turbo jene Führungsrolle im Programm zurück, die sich einst das Fahrzeug auf Basis des G-Modells schuf. Dabei haben Puristen erst einmal eine Hiobsbotschaft zu verdauen: Der neue 911 Turbo ist

Trotz des neuen Targa-Konzepts zählt das Schiebedach mit Windabweiser zu den beliebten Extras des 911 Carrera.

Erstmals besitzt der 911 Carrera ein Sechsganggetriebe. Es reduziert den Verbrauch und verbessert die Beschleunigung.

Die wartungsfreie Ventilsteuerung macht den Service für den 911 günstiger, die VarioRam die Modelle ab 1995 stärker.

Ab dem Typ 993 gehören Zentralverriegelung, Wegfahrsperre und Alarmanlage zur Serienausstattung.

Der Typ 993 nutzt eine neue Mehrgelenk-Hinterradaufhängung, die eine Ableitung aus dem großen 928 ist.

Beim Typ 993 kommt letztmalig das Leuchtenband für alle Modelle zum Einsatz, das zudem schräger als bisher steht.

Auslaufmodell: Das Verdeck mit knöpfbarer Persenning ist Mitte der 1990er-Jahre nicht mehr zeitgemäß.

ausschließlich mit Allradantrieb erhältlich. Dessen Grundkonzept stammt vom 911 Carrera 4 ab, allerdings ist die 4x4-Technik auf die erhöhten Anforderungen des Super-Porsche zugeschnitten.

Um keine Zweifel aufkommen zu lassen, dass der neue 911 Turbo ein agiler Zeitgenosse ist, haben die Ingenieure ein besonderes Augenmerk auf das Gewicht. Wie ein Wunder schaffen sie es, das Mehrgewicht gegenüber dem bisherigen, hinterradgetriebenen 911 Turbo auf 30 Kilogramm zu begrenzen – eine Meisterleistung, wenn man bedenkt, dass bereits die Carrera-Modelle unabhängig von der Antriebsart um 20 Kilogramm zulegen.

Motorseitig greift man auf das erst 1993 vorgestellte 3,6-Liter-Turboaggregat zurück, modifiziert aber dessen Peripherie radikal: Erstmals in der Geschichte des 911 Turbo

Turbo-Optik: Mit dem 911 Carrera 4S bietet Porsche wieder eine Breitbauversion mit Allradantrieb an.

Doppelspitze im boomenden GT-Sport

Mit dem Typ 993 rückt Porsche wieder näher zum GT-Sport, wo man gleich in zwei Klassen an den Start geht.

Bereits wenige Monate nach dem Debüt des Typ 993 stellt Porsche die erste Rennversion des neuen 911 vor. Es ist das Einsatzfahrzeug für den internationalen Porsche Supercup und ein Jahr später auch für den nationalen Carrera Cup. Im Unterschied zum Cup-Fahrzeug auf Basis des Typ 964 ist es konsequenter für den professionellen Motorsport aufgebaut. Mit 310 PS, einer deutlicheren Gewichtsreduzierung und aerodynamischen Veränderungen fährt es sich wie ein richtiger Rennwagen.

Die wirklichen Highlights folgen indes erst im Folgejahr: 1995 stellt Porsche zwei ähnlich aussehende und ähnlich heißende Rennfahrzeuge vor, denen als straßentauglicher Konterpart der 911 GT (vermarktet als 911 GT2) gegenübersteht. Die beiden Profigeräte heißen dagegen 911 GT2 R und

Oberste Liga: Mit dem 911 GT2 Evolution kämpft Porsche in der GT1-Klasse.

911 GT2 Evolution. Beide werden vom 3,6-Liter-Turbomotor angetrieben, haben natürlich Hinterradantrieb und sehen sich zum Verwechseln ähnlich (Profis sehen den Unterschied bei Heckflügel und Kotflügeln). Doch während es der 911 GT2 R auf rund 450 PS (später auf 485 PS) bringt,

erreicht der 911 GT2 Evolution sogar 600 PS. Mit noch hochkarätigerer Renntechnik ist er in der Kategorie „GT1" homologiert (wo später auch der „echte" 911 GT1 antritt – siehe Seite 66), während sein Bruder in der schwächeren, aber populäreren Klasse „GT2" zum Maß der Dinge wird.

Ausgangsbasis für den Motorsport: der 911 GT2 mit bis zu 450 PS.

kommen zwei kleine Abgasturbolader mit Ladeluftkühlung statt einem großen zum Einsatz. Das sorgt für besseres Ansprechverhalten, vor allem aber auch für mehr Leistung: Ganze 14 Prozent mehr steht 911-Turbo-Fahrern zur Verfügung – 408 PS, was ein klarer 136-PS-Vorsprung auf den 911 Carrera ist. Zusätzlich unterstreicht der 911 Turbo seine Sonderstellung durch Karosseriemodifikationen, allem voran einen Heckflügel mit großem Tableau, der sich durch die vollständige Lackierung in Wagenfarbe harmonisch ins Gesamtbild fügt.

Für alle, denen der Allradantrieb doch nicht ganz geheuer ist, bietet Porsche noch im Spätjahr eine teure, exklusive und sehr radikale Lösung an: den 911 GT2. Er basiert in seinen Grundzügen auf dem 911 Turbo, hat aber keinen Allradantrieb – dafür 22 PS mehr und einen mächtigen Doppelflügel. Nominal verpasst er zwar die Höchst-geschwindigkeit von 300 km/h knapp, ist aber über 200 Kilogramm leichter. Späte Exemplare, die 1998 das Werk in Zuffenhausen verlassen, verfügen sogar über 450 PS. Letztlich ist der 911 GT2 – der interessanterweise die Typenbezeichnung „911 GT" am Heck trägt – eine perfekte Ausgangsbasis für Motorsporteinsätze.

Der Typ 993 bringt Porsche wieder auf die Erfolgsschiene zurück. Der Absatz, jetzt nur vom 911 getragen, verdreifacht sich nahezu auf über 32.000 Fahrzeuge. Zudem setzt das Unternehmen stärker als bisher auf Diversifizierung der Baureihe. So erscheinen 1995 und 1996 noch zwei weitere Carrera-Derivate, der 911 Carrera 4S und der 911 Carrera S. Beide besitzen unverändert das 285-PS-Aggregat, haben aber die breite Turbo-Karosserie ohne feststehenden Heckflügel, rote Bremssättel, größere Räder und einen speziellen Frontspoiler. Als sich nach der Einführung des kleinen Boxster 1996 herumspricht, dass die nächste Generation des 911 mit Wasserkühlung ausgestattet sein wird, werden die beiden S-Modelle zu gesuchten Raritäten.

Markant und trotzdem harmonisch: Der 408 PS starke 911 Turbo erfüllt die Erwartungen der Fans – trotz des Allradantriebs.

MODELLÜBERSICHT

	Produktion	Länge x Breite x Höhe (mm)	Radstand (mm)	Leergewicht (kg)	Hubraum (cm³)	Leistung (PS)	Drehmoment (Nm)	V max (km/h)	0-100 km/h (s)
911 Carrera	1993-1995	4.245 x 1.735 x 1.300	2.272	1.370	3.600	272	330	270	5,6
911 Carrera	1995-1997	4.245 x 1.735 x 1.300	2.272	1.400	3.600	285	340	275	5,4
911 Carrera Cabrio	1994-1995	4.245 x 1.735 x 1.300	2.272	1.370	3.600	272	330	270	5,6
911 Carrera Cabrio	1995-1997	4.245 x 1.735 x 1.300	2.272	1.400	3.600	285	340	275	5,4
911 Carrera 4	1994-1995	4.245 x 1.735 x 1.300	2.272	1.420	3.600	272	330	270	5,6
911 Carrera 4	1995-1998	4.245 x 1.735 x 1.300	2.272	1.450	3.600	285	340	275	5,4
911 Carrera 4 Cabrio	1994-1995	4.245 x 1.735 x 1.300	2.272	1.420	3.600	272	330	270	5,6
911 Carrera 4 Cabrio	1995-1998	4.245 x 1.735 x 1.300	2.272	1.450	3.600	285	340	275	5,4
911 Carrera S	1996-1997	4.245 x 1.795 x 1.285	2.272	1.420	3.600	285	340	270	5,5
911 Carrera 4S	1995-1998	4.245 x 1.795 x 1.285	2.272	1.450	3.600	285	340	270	5,5
911 Targa	1995-1998	4.245 x 1.735 x 1.300	2.272	1.400	3.600	285	340	275	5,4
911 Carrera RS	1994-1996	4.245 x 1.735 x 1.270	2.272	1.270	3.746	300	355	277	5,0
911 Turbo	1995-1998	4.245 x 1.795 x 1.285	2.272	1.500	3.600	408	540	290	4,5
911 GT2	1995-1997	4.245 x 1.855 x 1.270	2.272	1.295	3.600	430	540	295	4,4
911 GT2	1998	4.245 x 1.855 x 1.270	2.272	1.295	3.600	450	540	298	4,3

DER ERNEUERER

Der Typ 996 bricht mit vielen Traditionen des 911, einschließlich der
Luftkühlung. Damit bringt er Porsche auf die Erfolgsspur zurück.

Die vierte Generation des 911 – der Typ 993 – ist noch nicht vorgestellt, da wissen Insider längst, dass ihm lediglich die Rolle eines Übergangsmodells zufällt. Denn die Ziele, die der neue Vorstandsvorsitzende Wendelin Wiedeking verfolgt, lassen sich mit ihm nicht erreichen. Dabei geht es weniger um Sportlichkeit, Fahrdynamik oder gar Mythos, sondern für das Management stehen Produktionskosten und Fertigungseffizienz im Mittelpunkt. Denn noch hat die Krise Porsche fest im Griff. Doch nicht nur aus Kostengründen ist es unmöglich, alle Ideen und Ziele auf einmal umzusetzen: Als der neue Vorstand das Ruder herumreißen will, ist die Entwicklung des Typ 993 schon in der Endphase.

Was zu dieser Zeit aber niemand ahnt: Ein wichtiger Baustein für die langfristige Zukunft des 911 wird bereits vorgestellt, noch bevor im September 1993 der Typ 993 als Nachfolger des Typ 964 der Weltöffentlichkeit präsentiert wird. So enthüllt Porsche vor dem staunenden Publikum bereits neun Monate zuvor auf der Motorshow in Detroit ein wichtiges Concept-Car: ein

Ungewohnt: Mit dem Typ 996 verliert der 911 weitgehend das durchgängige Leuchtenband zwischen den Rücklichtern.

zweisitziger Mittelmotor-Roadster mit dem völlig neuen Namen Boxster. Die Resonanz auf das Fahrzeug ist umwerfend. Und rasch ist abzusehen, dass hier der Erbe der kleinen Frontmotor-Baureihe steht.

Augenscheinlich haben Boxster und 911 zu diesem Zeitpunkt bis auf das Markenemblem nichts gemeinsam – was allerdings ein gewaltiger Trugschluss ist. Denn eine

Erkenntnis, zur der der neue Vorstand bei der Analyse des Porsche-Desasters kommt, lautet: Die Produktion der Baureihen muss verzahnt werden, mehr Gleichteile müssen zum Einsatz kommen – ein Aspekt, der bei 968, 928 und 911 weitgehend vernachlässigt wird. Doch der Zeitplan für Wiedekings Mannschaft ist denkbar ungünstig. Der Typ 993, der fast nichts zur

Fortschritt: Erstmals seit 1982 bekommt das 911 Cabrio eine völlig neue Verdeck-Kinematik.

Gleichteilstrategie beitragen kann, muss schnellstmöglich erscheinen, um den sinkenden Verkaufszahlen des Typ 964 entgegenzusteuern. So bleibt nichts anderes übrig, als erst das „kleine", dann das „große" Modell einzuführen, entgegen der sonst üblichen Branchengepflogenheit, Neues von „oben nach unten" auf den Markt zu bringen.

Doch auch als im Sommer 1996 der Boxster (siehe Seite 78) auf den Markt kommt, überreißen viele Kunden noch nicht, dass vor ihnen mehr als ein halber 911 steht. Von jeher sind Baureihen neben dem 911 so eigenständig, dass niemand wagen würde, von dem Boxster auf den 911 zu schließen. Die eigenwillige Grafik der Frontscheinwerfer, die Mittelmotorbauweise und der wassergekühlte Boxermotor – beim Boxster werden sie als Zeichen des Fortschritts verstanden. Doch abgesehen von der Mittelmotorbauweise, die dem Boxster und später auch seinem geschlossenen Ableger, dem Cayman, vorbehalten bleibt, plant man bei Porsche genau mit jenen Komponenten für den 911. Was jedoch beim Boxster hingenommen wird, sorgt im Herbst 1997 beim 911 für einen Aufschrei! Vom Ende des 911 ist die Rede und von der Zerstörung eines Mythos. Tatsächlich ziehen die Verkaufszahlen des alten Typ 993 im Sommer 1997 nochmals an, nachdem erste Fakten und Fotos zum Typ 996 auftauchen.

In Zuffenhausen hält man zu dieser Zeit den Atem an. Sicher, der frische Wind, der seit einigen Jahren durch die Werkshallen zieht, und die verbesserte wirtschaftliche Lage sind allenthalben spürbar. Trotzdem ist Wendelin Wiedeking noch nicht der unfehlbare und dauer-erfolgreiche Firmenchef, der er zu Beginn des 21. Jahrhunderts wird. Und selbst wenn man intern von der neuen Generation des 911 überzeugt ist: Man weiß genau um

Aus Luft wird Wasser

Mit dem Typ 996 stellt Porsche von Luft- auf Wasserkühlung um.

Es ist ein Bruch mit einer langen Tradition, als Porsche im Typ 996 einen Boxermotor mit Wasserkühlung einbaut. Alle vorangegangenen Generationen setzen auf Luftkühlung. Gleiches gilt für den Vorgänger, den 356, und den von Porsche mitentwickelten VW Käfer. Als sie in den 1930er- und 1940er-Jahren entstehen, sind die Vorzüge der Technik nicht von der Hand zu weisen: Sie ist einfach, robust und zuverlässig. Doch die Luftkühlung hat auch ihre Nachteile. Einer davon wird von Porsche-Fahrern nicht als solcher empfunden: die höhere Geräuschentwicklung luftgekühlter Triebwerke. Im Fall des 911 verleiht sie gerade den

Fahrzeugen ihre akustische Einzigartigkeit. Einen anderen Nachteil bekommen die Piloten indes regelmäßig zu spüren: Die schlechte Wärmeableitung, wegen der sich keine wirkungsvolle Innenraumheizung verwirklichen lässt. Und wegen des ungünstigeren thermischen Verhaltens können auch keine modernen Abgasgrenzwerte erreicht werden. Dass der Typ 996 der erst 911 mit Wasserkühlung ist, ist indes nur teilweise richtig. Bereits die Rennversion des 911, der 935/78 von 1978 (siehe Seite 35), besitzt Wasserkühlung. Auch der Hightech-Ableger des 911, der 959 von 1985 (siehe Seite 43), hat zumindest wassergekühlte Zylinderköpfe. Und der Radikal-911, der 911 GT1 von 1996 (siehe Seite 66), setzt auch auf Wasserkühlung.

Neuanfang: Das wassergekühlte 911-Triebwerk hat erstmals Vierventiltechnik und ist dank besserer thermischer Kontrolle deutlich effizienter.

Ganz neuer Look: Weil sich im Fahrzeugheck nicht mehr das zurückgeschlagene Verdeck türmt, wirkt das neue Cabrio viel langstreckter.

die tiefgreifenden Veränderungen, die der Typ 996 mit sich bringt.

Das fängt bereits mit dem Design an. Für Designchef Harm Lagaay ist es bereits der zweite 911, den er federführend gestaltet.

Schon beim Typ 993 moduliert er die Proportionen des Grundentwurfs von Ferdinand Alexander Porsche – allerdings nur sanft, weil er die wesentlichen Eckdaten des Fahrzeugkonzepts unverändert

übernehmen soll. Beim Typ 996 sieht die Sache freilich anders aus. Er steht auf einer völlig neuen Plattform, die erstmals in der Geschichte des 911 tiefgreifende Einschnitte im Design erforderlich macht, weil das neue Fahrzeug größer wird: Es hat 7,8 Zentimeter mehr Radstand, ist 18,5 Zentimeter länger und immerhin drei Zentimeter breiter – was optisch allerdings kaum auffällt. Das liegt unter anderem daran, dass Lagaay und der ausführende Exterieur-Designer Pinky Lai auf die bis dahin gewohnte Taille beim 911 verzichten. Nicht, dass diese nicht optisch reizvoll wäre, doch sie bekommen von dem Entwicklungschef Horst Marchart eine ganz klare Vor-

Nenn mich bloß nicht „Kleiner"

Mit dem Boxster stellt Porsche ein neues Einstiegsmodell vor, das endlich dem Markenanspruch gerecht wird.

914, 924, 944 und 968 – allen preisgünstigeren Baureihen haftet der Makel an, keine vollwertigen Porsche zu sein. Tatsächlich macht das Porsche-Management in den 1970er-Jahren Fehler, die zum

schlechten Image der Modelle führen. Doch als es Mitte der 1990er-Jahre darum geht, einen neuen Markeneinstieg zu schaffen, wird alles richtig gemacht: Vom Sechszylinder-Boxermotor à la 911 über die rennwagentypische Mittelmotorbauweise bis hin zu vielen Stilelementen des 911 – anfangs sind sich beide sogar zu nahe, doch spätestens seit 2004 herrscht gesunde Distanz.

Mit dem Boxster lebt ein altes Porsche-Prinzip neu auf: Es bedarf gar nicht eines Leistungsmaximums, um wirklich schnell zu sein. Andere Roadster werden mit mehr PS gebaut, erreichen aber aufgrund eines schlechteren Handlings nicht das Performance-Niveau des Boxsters. Wäre der Boxster noch stärker, er würde dem 911 das Leben (noch) schwerer machen.

gabe: Der neue 911 muss eine deutlich bessere Aerodynamik als die früheren Generationen besitzen. Eine Einflussgröße hierfür ist der Luftwiderstandsbeiwert. Hier gelingt es den Designern, den c_W-Wert von 0,34 auf 0,30 zu senken – eine beachtliche Reduzierung, die hilft, Höchstgeschwindigkeit und Gesamtwirtschaftlichkeit zu verbessern. Ausgestellte Kotflügel sind da nur hinderlich.

Die andere wichtige aerodynamische Einflussgröße, die Marchart im Auge hat, ist der Auftrieb bei hoher Geschwindigkeit. Die zu jener Zeit im Motorsport aufkommenden Diffusoren, bei denen die am Fahrzeugheck austretende Luft kanalisiert wird, was eine Senkung des Auftriebs zur Folge hat, fallen beim 911 flach: Der Heckmotor beansprucht zu viel Platz. Bleibt den Designern der klassische Weg des Heckflügels. Doch als sie es mit ausfahrbarem Spoiler à la Typ 964 und Typ 993 versuchen, erleben sie eine Überraschung: Der Budgetplan sieht dieses Bauteil nicht vor. Erst ihrer Hartnäckigkeit ist es zu verdanken, dass auch der Typ 996 damit ausgestattet wird und der Auftrieb auf ein angemessenes Maß reduziert wird.

Allerdings sind es weniger die technischen Zwänge, die bei den Porsche-Fans für Stirnrunzeln sorgen. Es sind allgemeine visuelle Merkmale an Bug und Heck, die mit Gewohntem brechen. Erstmals seit der Einführung des G-Modells 1973 fehlt das durchgängige Leuchtenband zwischen den Rücklichtern. Dass ist für sich genommen nicht wirklich schlimm, doch es wird zum beklagten Relikt, weil sich so vieles auf einmal ändert. Gleiches gilt für die markanten Rundscheinwerfer, die bis dahin jeder 911 hat – und, die runden Klappscheinwerfer mitgerechnet, sogar jeder Porsche. Jetzt sind sie durch jene L-förmige Scheinwerfer-

Unverändertes Layout: Der Boxermotor sitzt weiterhin im Heck, Getriebe und Differenzial unmittelbar davor. Der 911 Carrera 4 besitzt zudem einen Antriebsstrang für die Vorderräder.

Profigerät: Der 911 GT3 wirkt trotz des Heckflügels nicht sonderlich spektakulär – ein Eindruck, der beim Fahren des Straßenrennwagens verschwindet.

einheit ersetzt, die bereits der Boxster besitzt. Weil ihr unterer Teil im Orangegelb der Blinker einfärbt ist, macht unter Spöttern bald der Begriff der „Spiegeleier-Leuchten" die Runde. Ein gutes Jahr später werden erste Modelle mit vollständig weißen Scheinwerfergläsern ausgeliefert, 2001 verschwindet die ungeliebte Ursprungsversion völlig.

Die Scheinwerfer sind aber nur ein Teil des „Problems". Praktisch die gesamte Bugpartie des neuen 911 ist mit der des Boxster identisch. Besonders krass fällt das beim später erscheinenden 911 Carrera Cabrio auf, das von vorn bis zur Fahrzeugmitte mit dem „kleinen" Porsche identisch ist. Entsprechend groß ist die Verwechslungsgefahr,

Neue Heimat

Zu Beginn des neuen Jahrtausends ist Porsche auf Wachstumskurs. So entsteht in Leipzig ein neues Werk.

Platzmangel herrscht in Zuffenhausen schon seit den 1960er-Jahren. Doch er verschärft sich, als 1998 der Entschluss fällt, einen SUV zu bauen.

Der Cayenne, so wird spekuliert, wird die Produktionszahlen mehr als verdoppeln. Die Wahl für ein neues Werk fällt auf Leipzig, das sich gegen mehrere andere deutsche Standorte durchsetzen kann. Und obwohl die EU für Investitionen in Ostdeutschland Investitionshilfen bereitstellt, verzichtet man bei Porsche darauf:

„Luxus und Stütze passen nicht zusammen", erklärt Wiedeking selbstbewusst. Im neuen Werk, das 2002 eröffnet wird, werden Cayenne, Carrera GT, Panamera und Macan gefertigt. Neben der Produktion gehören zu dem Firmenkomplex ein Kundenzentrum (siehe Foto) sowie Onroad- und Offroad-Teststrecken.

was statusbewusste 911-Fahrer ärgert. Doch vieles, was zu dieser Zeit über den 911 geschrieben wird, trifft die Wahrheit nur oberflächlich: Tatsächlich wird der Typ 996 zur Erfolgsgeschichte für Porsche. Zwischen 1997 und 2001 verkaufen die Schwaben mit 31.135 Exemplaren gut doppelt so viele wie vom Typ 993 insgesamt in seinen vier Produktionsjahren.

Das belehrt auch all jene eines Besseren, die beim Erscheinen des Typ 996 noch aus einem ganz anderen Grund vom Niedergang der Baureihe sprechen: Als erster 911 verfügt er über einen Motor mit Wasserkühlung (siehe Seite 77) – Luftkühlung ade! Viele empfinden das als Sakrileg. Weniger als die

rein technische Seite stört sie die veränderte Akustik. Denn auch wenn der Typ 996 natürlich über einen Sechszylinder-Boxermotor verfügt, so klingt er doch deutlich anders als die 911 der 34

Mit dem Typ 996 ändert sich die Akustik gewaltig. Immerhin gelingt ab 2001 ein besserer Sound

vorangegangenen Jahre. Nicht ganz so auffällig ist das beim Anlassen, wo der Typ 996 die gleiche Tonlage wie der Typ 993 trifft, sein Klang jedoch viel gedämpfter ist. Beim Tritt aufs Gaspedal wird indes deutlich:

Hier fehlt das heißere Brüllen, selbst wenn sich der Boxer-Sound eindeutig als Porsche-Orchester zu erkennen gibt. Statt des Fauchens gibt ist nun einen hellen Dauer-Pfeifton, der besonders deutlich im Schubbetrieb wahrnehmbar ist. Für jene Kundschaft, die großen Wert auf guten und motorsporttypischen Klang legt, ist das eine Enttäuschung. Der häufig als Staubsaugergeräusch beschriebene Ton rührt vom Kettenantrieb der Nockenwellen her, der von Porsche mittels Sound-Engineering in jenes turbinenhafte Pfeifen transformiert wird – was nicht funktioniert.

Objektiv betrachtet ist die Umstellung von Luft- auf Wasserkühlung allerdings überfällig. Die Vorzüge sind so vielfältig, dass sich das

Eine Frage der Gewöhnung: Die neue Scheinwerfergrafik und die fehlende Taille wirken heute nicht mehr befremdlich.

Schalten lassen

20 Jahre lang kann der Porsche 911 auch mit Automatikgetriebe ausgestattet werden.

Für Sportfahrer ist es ein Unding, für Vertriebsstrategen ein Muss: das Automatikgetriebe. Schon das Ur-Modell kann auf Wunsch mit der halbautomatischen Sportomatic ausgestattet werden, ebenso das G-Modell. Es ist die vermehrte Nachfrage aus den USA, die in den 1980er-Jahren die Entwicklung eines Automatikgetriebes für den 911 ratsam erscheinen lässt. So entsteht in Zusammenarbeit mit Getriebespezialist ZF für den Typ 964 ein

Automatikgetriebe, für das Porsche den Namen Tiptronic schützen lässt. Die Tiptronic ist eine klassische Automatik mit Drehmomentwandler und vier, später fünf Fahrstufen sowie dem obligatorischen Gewichtsnachteil. Immerhin führt Porsche als erster Hersteller eine zweite Schaltgasse ein, in der per Wegdrücken des Schaltstocks beziehungsweise Heranziehen manuell geschaltet werden kann. Bei der ab 1993 als Tiptronic S vermarkteten Version können diese Impulse auch per Schalter am Lenkrad gegeben werden. Mit Einführung des PDK-Getriebes ab 2008 kommt das stufenweise Ende der Tiptronic, die letztmalig im 911 Turbo (Typ 997, vor Modellüberarbeitung) erhältlich ist.

Klassische Wandlerautomatik: Tiptronic mit fünf Gängen.

Fast für alle Modelle: Selbst der 911 Turbo ist mit Tiptronic erhältlich.

Porsche-Management fragen lassen muss, warum die Umstellung nicht schon früher erfolgte, denn niedrigere Temperaturen (gerade am Zylinderkopf) sind für hohe Leistungsausbeute und günstige Verbrauchswerte wichtig. Und

Blick in den 911 Carrera 4S (2003)

Als Teil des Turbo-Pakets hat der 911 Carrera 4S die große Bremsanlage des 911 Turbo – natürlich in Rot

auch jetzt kommt die Entscheidung nicht ganz freiwillig: Marchart kommt nicht umhin, zugunsten besserer Abgas- und Geräuschemissionen sowie für einen ordentlichen Leistungszuwachs auf die Wasserkühlung umzustellen. Denn erst sie ermöglicht die Einführung von vier Ventilen pro Zylinder (bei nur noch einer Zündkerze) – ein Merkmal, das schon seit zehn Jahren zum Technikstand moderner Triebwerke gehört. Doch bei der Luftkühlung wird der dazu notwendige Platz von den Kühlrippen beansprucht. Auch eine verstellbare Phasenverschiebung für die Nockenwellen (VarioCam genannt) kann nun realisiert werden, was zur bedarfsgerechteren Auslastung des Triebwerks führt und ebenfalls nicht gerade das

Die großen Kühler vorn sind ein optisches Element, das den 911 Carrera 4S und den 911 Turbo besonders markant machen

Zeitgemäße Cabrio-Sicherheit zeigt sich auch an den pyrotechnisch aktivierten, ausfahrbaren Überrollbügeln

Fans vermissen es, beim 911 Carrera 4S kehrt es exklusiv zurück: das durchgängige Leuchtenband am Heck

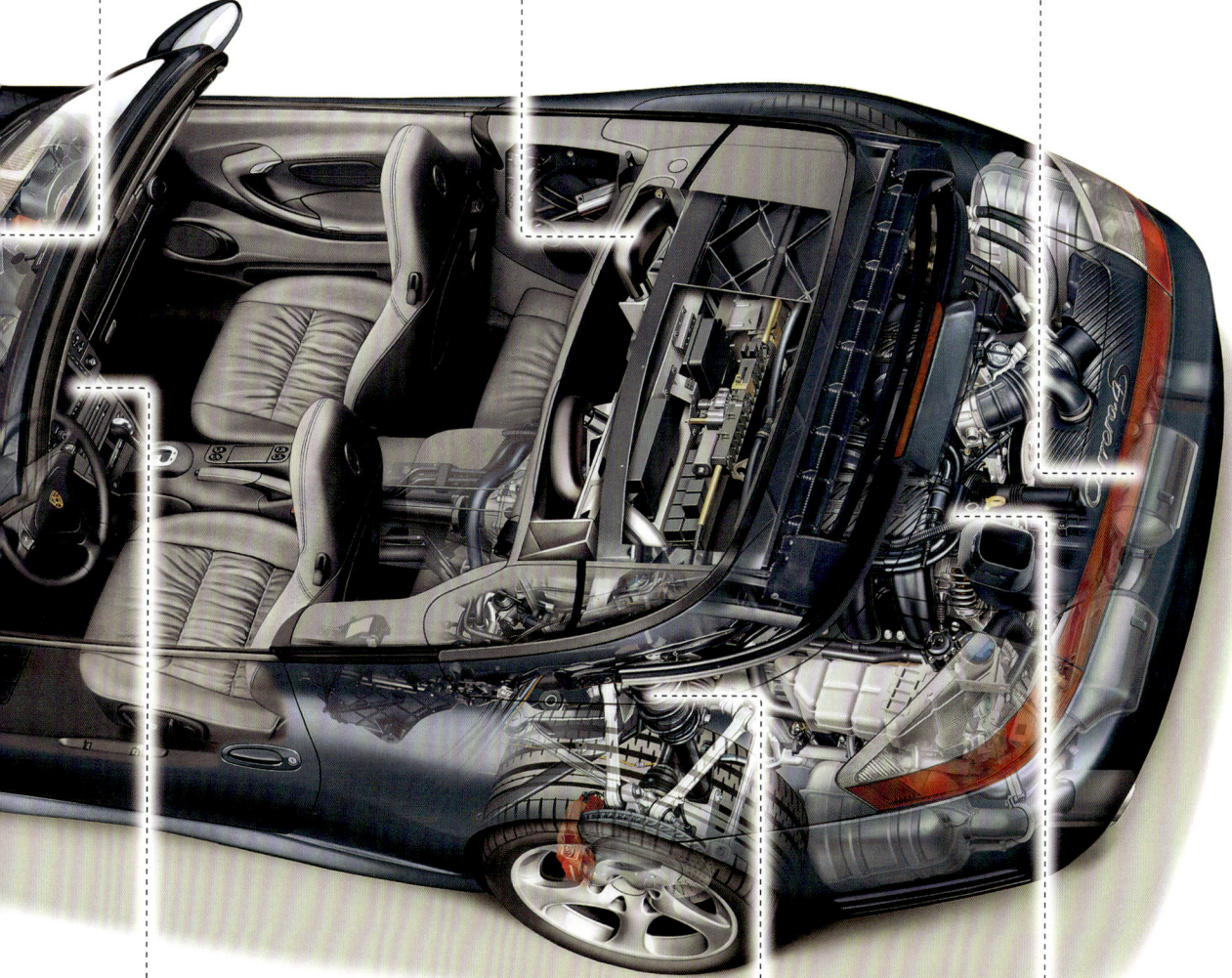

Das Infotainmentsystem PCM mit fest eingebautem Bildschirm zur Navigation ist eine weitere Errungenschaft des Typ 996

Der Allradantrieb gewinnt beim Typ 996 immer mehr an Bedeutung und wird von Kunden gern mit Tiptronic kombiniert

Der 911 Carrera 4S ist ein rein optisches Derivat. An der Leistung des 320 PS starken Carrera-Motors ändert sich nichts

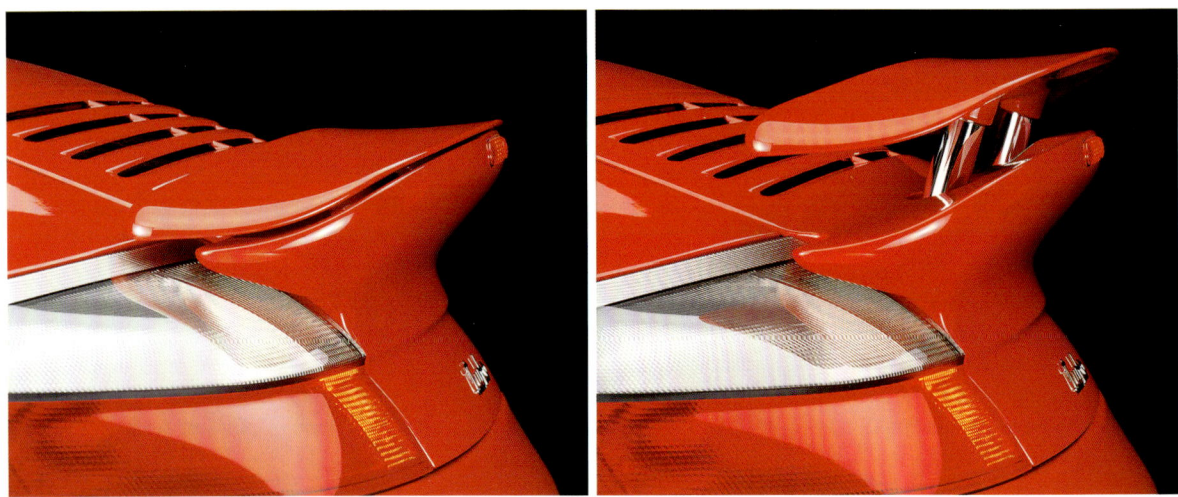

Neue Formensprache: Der Flügel des 911 Turbo schrumpft, ist dafür aber zusätzlich auch ausfahrbar.

ist, was man im Motorenbau als Neuheit bezeichnen kann. Und da die Konstrukteure das Aggregat des Boxsters – und damit auch des 911 – grundlegend neu entwerfen, bekommt das Triebwerk eine integrierte Trockensumpfschmierung mit auf den Weg, wodurch sich im Vergleich zum bisherigen Motor mit gesondertem Öltank kompaktere Abmessungen realisieren lassen.

Alle Maßnahmen machen das neue Triebwerk zukunftsfähiger,

auch wenn das beim Debüt des 911 vielen Betrachtern gar nicht so deutlich wird. Das Leistungsplus gegenüber den letzten Exemplaren des Typ 993 fällt mit 15 PS relativ bescheiden aus. Doch der Eindruck täuscht gewaltig, denn der Typ 996 hat lediglich 3,4 Liter Hubraum, der Typ 993 3,6 Liter. Damit hat zum ersten Mal in der Geschichte des 911 eine neue Generation weniger Hubraum als ihr Vorgänger. Letztlich erweisen sich die 300 PS als

mehr als „ausreichend" – zumal Porsche-Fahrer gerne darauf verweisen, dass auch der legendäre 911 Turbo, dessen Produktion vor gerade erst acht Jahren ausgelaufen ist, nicht stärker war.

Doch es gibt auch Herausforderungen, die mit der Umstellung auf Wasserkühlung einhergehen. Zum Beispiel das höhere Gewicht. 20 Liter Wasser zuzüglich der entsprechenden Komponenten trüben die Gewichtsbilanz. Doch wohlwollend

Markante Turbo-Merkmale: Heckspoiler, Luftschlitze und der Lufteinlass hinter der Tür sind die Insignien von mindestens 420 PS.

stellen Porsche-Fans fest, dass in diesem Punkt der neue 911 keinen Anlass zur Klage gibt – ganz im Gegenteil: Denn trotz des schwereren Motors und trotz der gewachsenen Abmessungen ist der Typ 996 um 50 Kilogramm leichter als sein Vorgänger. Das ist weniger einem radikalen Leichtbau geschuldet, als vielmehr dem konsequenten Neuanfang. Er ermöglicht, bei Karosserie, Chassis und Fahrwerk mit gewachsenen Strukturen zu brechen, zumal der Vorstand eine einfachere, günstigere und modulare Fertigung fordert. Erstmals kommen bei einem Serien-911 im größeren Umfang hochfeste Stähle und neue Materialien zum Einsatz. Das senkt nicht nur das Gewicht, sondern macht den Typ 996 deutlich steifer als den Vorgänger. So bringt der neue 911 spätestens mit seinem präzisen Handling die Kritiker zum Verstummen: Er wirkt zwar subjektiv nicht mehr so bissig wie einst, ist aber viel schneller unterwegs.

Dabei ist er ungleich komfortabler und federt weicher ab, was manch altgedienten 911-Kunden dazu bringt, quasi aus Protest das tiefergelegte und straffere Sport-

Luxus: Mit dem Typ 996 verliert der 911 den Purismus früherer Generationen.

Der Kümmerer

Wendelin Wiedeking bringt Porsche zu ungeahnter Blüte.

Mitten in der tiefsten Krise wird der Westfale Wendelin Wiedeking (Jahrgang 1952) Vorstandschef von Porsche. Die Maßnahmen des Produktionsspezialisten greifen in kürzester Zeit, das Unternehmen wird vom Sanierungsfall zum profitabels-

ten Autohersteller der Welt. Immer neue Rekorde fährt Wiedeking ein, der bei seiner Berufung eine Ertragshonorierung erhält, die nun millionenschwer ist. „Du musst dich kümmern", lautet sein Credo, mit dem er seine Mitarbeiter zu Höchstleistungen treibt. Trotzdem platzt die von ihm eingefädelte Übernahme von Volkswagen.

Gleichteilstrategie und schlanke Produktion: Wendelin Wiedekings Maßnahmen bringen Porsche auf die Erfolgsspur zurück.

Vielleicht der Schönste: Der 911 Carrera 4S hat einen Turbo-Look ohne Heckflügel, dafür allerdings mit durchgängigem Leuchtstreifen.

Wie gewohnt befindet sich zentral der Drehzahlmesser. Links und rechts davon, etwas tiefer gesetzt befinden sich zwei weitere Uhren, die zu etwa Dreiviertel zu sehen sind. Und ihnen zur Seite finden sich nochmals zwei tiefere Uhren, von denen weniger als die Hälfte hervorragt. Blöd ist dabei nur, dass es so eng auf den Anzeigen zugeht, dass sie kaum abzulesen sind. Der Tacho, zum Beispiel, muss auf wenigen Zentimetern die Bandbreite von 0 bis 300 km/h abdecken, was schlichtweg unmöglich ist. Porsche behilft sich mit einem zusätzlichen Digitaltacho im Drehzahlmesser.

Die Einführung des Typ 996, der erstmals serienmäßig über ein Sechsganggetriebe verfügt, ist keineswegs frei von Diskussionen, die auf dem Genfer Autosalon 1998 nochmals neue Nahrung finden. Dort debütiert das neue 911 Carrera Cabrio, das, wie erwähnt, die optische Nähe zum Boxster nochmals betont. Denn auch hier steht der technische Fortschritt den Ansichten altgedienter Porsche-Fans ent-

fahrwerk zu bestellen – alle anderen Käufer sind begeistert. So gibt es im Innenraum mehr Platz als früher, sogar im Fond, wo weiterhin zwei Notsitze vorhanden sind. Auch typische Komfortextras wie ein fest eingebautes Navigationssystem mit 4:3-Bildschirm oder eine Telefonanlage mit klassischem Telefonhörer halten Einzug. Zudem sind Servolenkung, leichtgängigere

Pedalerie, auf Wunsch eine neue Tiptronic-Automatik sowie Sicherheitssysteme wie Airbags und ABS an Bord. Hier fehlt es an nichts – außer an dem gewissen Flair, das bis dahin das 911-Cockpit verströmt. Denn stilistisch sind die neuen Armaturen eine Katastrophe. Die dreidimensionale Gestaltung soll an die fünf Rundinstrumente der früheren Jahrzehnte erinnern:

Eine Spur schärfer: Der 911 GT2 basiert auf dem 911 Turbo, hat aber Hinterradantrieb und 462 PS, später sogar 483 PS.

Es lebe der Sport!

Podest: Die Rennversion des 911 GT3 ist immer für Top-Platzierungen gut, wie auch hier in Le Mans.

Paroli: Selbst die deutlich stärkeren Ferrari müssen sich bisweilen hinter dem 911 GT3 RS anstellen.

Mit dem 911 GT3 erlebt der GT-Sport von Porsche eine neue Blüte. Quasi aus dem Showroom heraus sind die Kundenteams erfolgreich!

Die Neuausrichtung des Motorsportprogramms durch das Ende des 911 GT1 und der eindeutigeren Positionierung der renntauglichen Straßenfahrzeuge bringt im Frühjahr 1999 den 911 GT3 hervor. Neben einer Clubsportversion bildet er die Basis

für den 911 GT3 R, der auf Anhieb die GT-Klasse beim 24-Stundenrennen von Le Mans gewinnt. Das ist der Auftakt zu einer beispiellosen Siegesserie, die Triumphe in Daytona, Sebring und am Nürburgring beinhaltet. So bleibt Porsche zum Beispiel auch bis auf ein Rennen in der US-amerikanischen ALMS zwei Jahre lang ungeschlagen. Alle Einsätze erfolgen durch Kundenteams – was allerdings nicht bedeutet, dass Porsche das

Engagement nicht professionell betreibt. 2001 debütiert der 911 GT3 RS mit zwei Luftmengenbegrenzern statt einfachem Air-Restrictor. Mit der Modellüberarbeitung der Straßenversion des 911 GT3 überarbeitet Porsche auch die Rennfahrzeuge. An der Leistungsausbeute der rund 415 PS starken Fahrzeuge ändert das wenig, wohl aber an Fahrbarkeit und Aerodynamik. Und so eilt der Typ 996 weiter von Sieg zu Sieg.

Turbo-Optik von vorn: Der 911 Carrera 4S hat wie alle 911 ab Modelljahr 2002 die Scheinwerfer in neuer Form und exklusiv die großen Lufteinlässe.

ist, doch Fans haben sich an ihn gewöhnt. Jetzt fehlt er, was den offenen Typ 996 ungewöhnlich lang erscheinen lässt. Großzügig erweist sich Porsche allerdings bei der Ausstattung: Das Verdeck ist mehrlagig gefüttert und vollständig elektrisch zu bedienen (sogar im Stand per Fernbedienung). Obendrauf packt man noch ein Hardtop in Wagenfarbe für den Winter.

Fast hat es den Anschein, als wolle das Porsche-Management 911-Kunden für die entgangenen technischen Entwicklungen der letzten Jahre entschädigen. Als Sicherheitsmerkmal bekommt das 911 Carrera Cabrio pyrotechnisch gesteuerte, automatisch ausfahrende Überrollbügel und als Weltpremiere Seiten-Airbags, die speziell auf die Anforderungen in einem Cabrio (offenes Verdeck und Seitenscheiben) zugeschnitten sind. Noch sicherheitsbewusster präsentiert sich im Herbst 1998 auf dem Pariser Autosalon die neue Allradversion, der 911 Carrera 4. Ihn gibt es als

gegen, die noch immer das offene G-Modell vor Augen haben. Doch für eine zeitgemäßere Optik rät Harm Lagaay zu einem neuen Dachkonzept – verbunden mit dem Drängen der Kunden, nach einem einfacheren und besser schließenden Verdeck. So erhält das Cabrio eine völlig neue Dachkonstruktion,

bei der das Verdeck beim Öffnen vollständig in einem Verdeckkasten verschwindet. Damit fehlt dem neuen 911 Carrera Cabrio jener markante „Turm" im Heck, der sich bei älteren Versionen durch das gefaltete und gegebenenfalls mit einer Persenning abgedeckte Dach ergibt. Nicht, dass dieser sonderlich schön

Entschärfte Variante: Die Modellüberarbeitung macht die Instrumente besser.

Coupé und als Cabrio, die sich optisch nur in einem kleinen Detail von den hinterradgetriebenen Modellen unterscheiden, weil sie erstmals serienmäßig weiße Blinkerleuchten haben. Wichtiger als das und die Tatsache, dass das bekannte Allradsystem nun auch mit Automatik kombinierbar ist, ist eine andere Neuerung: das Porsche Stability Management (PSM), ein elektroni-

Mit dem Typ 996 wird der 911 vollends alltagstauglich und für „jedermann" problemlos fahrbar

sches Stabilitätsprogramm. Denn angesichts rapide wachsender Verkaufszahlen ist längst offensichtlich, dass nicht nur ausgewiesene Sportfahrer hinter dem 911-Steuer Platz nehmen.

Auch wenn die allgemeine Fahrbarkeit ein wichtiges Anliegen ist und maßgeblich zur neuen Blüte

Wachstum: Im Sommer 2001 bekommt der 911 Carrera 20 PS mehr.

Offen für fast alle: Bis auf den 911 GT3 und den 911 GT2 werden alle Modelle auch als Cabrio angeboten.

Komfortabel: Im 911 GT3 unterwegs zu sein, ist keineswegs mit Entbehrungen verbunden ...

... auch wenn in der Clubsport-Ausführung Schalensitz und Überrollkäfig das Bild bestimmen.

von Porsche beiträgt, werden auch die sportlichen Wurzeln gepflegt. Gebrandmarkt durch unzählige Änderungen in unterschiedlichsten Motorsportreglements, führt Wiedeking (selbst kein begeisterter Motorsportfan) die faktisch bereits begonnene Diversifizierung bei den leistungsstarken 911-Modellen durch: einerseits die rennsportlich durchaus ambitionierten Saugmotormodelle, andererseits die stärkeren Turboversionen, denen jedoch eine Teilnahme am Motorsport konzeptbedingt verwehrt bleibt.

Als Basis für den motorsportlichen Neuanfang rückt Porsche auf dem Genfer Salon 1999 ein neues Kürzel ins Rampenlicht: GT3 – ein Begriff, der binnen weniger Jahre zum Synonym für rennstreckentaugliche Straßenfahrzeuge wird. Der 911 GT3 steht zwar in der Tradition von „RS" und „Clubsport", vermittelt aber bereits durch seinen Namen (noch) mehr Nähe zum Motorsport. Optisch gibt sich die erste Generation des 911 GT3 noch vergleichsweise dezent: Fontspoilerlippe und Seitenschweller sind etwas wuchtiger, nur am Heck thront ein lackierter, etwas aufgesetzt wirkender Flügel, der allerdings nicht mit dem Riesenspoiler des 911 Turbo zu vergleichen ist. Hinzu kommt das übliche Programm aus Gewichtseinsparungen – von nur manuell verstellbaren Außenspiegeln bis hin zum Entfall der Rückbank – und Rennstreckentechnik wie Notausschalter, Schalensitze und Überrollbügel. Was Porsche-Fans indes

Größerer Spoiler und mehr Leistung: Ab 2003 wird der 911 GT3 noch besser, behält aber die schmale Carrera-Karosserie bei.

Auf Nummer sicher

Sportlich zu fahren heißt bei Porsche immer auch sicher zu fahren – dank aufwendiger Technik und umfangreicher Tests.

Keine Schonung: Crashtests am 911 heute und ...

Fahrsicherheit ist ein facettenreicher Begriff. Bisweilen wird nur Zahl der Airbags gewertet oder die Crashtests von EuroNACP als einziger Maßstab herangezogen. Doch mindestens genauso wichtig ist die sogenannte Aktive Sicherheit – also Maßnahmen und Techniken, die eine kritische Situation gar nicht erst entstehen lassen.

Dass hier das Fahrwerk eine wesentliche Rolle spielt, ist bei einem Sportwagen nicht verwunderlich. Andere Hersteller unterschlagen indes, dass auch die Bremsen einen wesentlichen Anteil an der Sicherheit (und am sportlichen Fahren) haben. So stattet Porsche von Beginn an den 911 mit Scheibenbremsen rundherum aus. Deren Abmessungen wachsen kontinuierlich, bis in den 1990er-Jahren die Lochung der Bremsscheiben und 6-Kolben-Aluminium-Monoblock-Bremszangen obligatorisch werden – optional auch mit Scheiben aus Keramik-Verbundmaterial für leichtere und widerstandsfähigere Bremsen.

Auch die Erprobung kommt nicht zu kurz. Praktisch täglich sammelt Porsche Erfahrungswerte auf der Rennstrecke sowie bei Tests. Gerade in diesem Punkt zeigt sich Porsche von jeher erfinderisch. Zur Legende wird der Senkrecht-Crash eines Porsche 904 Carrera GTS in den 1960er-Jahren, weil seinerzeit die Möglichkeiten für einen Crashtest heutiger Machart fehlen.

... am 904 Carrera GTS im Jahr 1966. Sicherheit ist Porsche immer wichtig.

Über Stock und Stein: Ein 911 wird auf allen Untergründen erprobt.

Alles ist möglich

Mittelmotorkonzept: Der Carrera GT basiert auf einem Rennwagen, der nie gebaut wird.

Kraftpaket: Erstmals baut Porsche einen V10-Motor. Mit 612 PS wird er zum Leistungsmaßstab.

Mit dem Carrera GT stellt Porsche einen Supersportwagen vor, der erstmals nichts mit einem 911 zu tun hat – außer dem Namen Carrera.

Es ist wieder einmal ein Debüt auf Raten: Im September 2000 zeigt Porsche erstmals ein Concept-Car, bevor drei Jahre vergehen, bis die Serienversion fertig ist. Doch das Warten bis 2003 lohnt sich – vorausgesetzt, man ist einer von den nur 1.282 Glücklichen, die für 452.400

Euro einen Carrera GT bekommen. Für ihn zieht Porsche sämtliche Register der Ingenieurskunst und realisiert in dem Fahrzeug fast alles, was ein erfolgreicher Supersportwagen haben muss – ungeachtet vorhandener Porsche-Baureihen. Einziger Fixpunkt ist ein technisch äußerst aufwändiges Fahrzeugkonzept für einen Rennprototypen, der aufgrund einer Reglementänderung jedoch nicht zum Einsatz kommt.
Der V10-Saugmotor mit 5,7 Litern Hubraum macht den Carrera GT mit

612 PS zum bis dahin stärksten Straßen-Porsche aller Zeiten, und mit 330 km/h auch zum schnellsten. Feinste Zutaten wie ein Monocoque aus Kohlefaser, Pushrod-Radaufhängungen und eine Keramikkupplung unterstreichen die Sonderstellung des offenen Mittelmotorfahrzeugs. Eine Besonderheit ist auch sein Verdeck: Der Carrera GT wird mit zwei CFK-Schalen geschlossen. Noch leichter als das ist das Handling des Supersportlers, der sich sogar im Stadtverkehr als völlig unkompliziert erweist.

Eigene Linie: Der 911 Targa wird eigenständig vermarktet und ist nicht Teil des Carrera-Programms.

Umstritten: Auch wenn die Öffnung größer als beim Ur-Targa ist, fehlt Fans das Frischluft-Feeling.

besonders fasziniert, ist das Triebwerk, das im 911 GT3 zum Einsatz kommt: Es hat 3,6 Liter Hubraum und Wasserkühlung, ist aber nicht vom 911 Carrera abgeleitet, sondern stammt aus dem 911 GT1 (siehe Seite 66), mit dem Porsche im Vorjahr die 24 Stunden von Le Mans gewinnt. Die Entscheidung für dieses Triebwerk ist nicht nur eine Frage der Performance, die mit 360 PS und einer Höchstgeschwindigkeit von 302 km/h ein neuer Meilenstein in der Geschichte des 911 mit

Saugmotor ist, sondern auch der Robustheit: Der deutlich aufwendiger zu fertigende Motorblock ist stabiler und weniger empfindlich gegen dauerhaft hohe thermische Belastung – und damit die richtige Basis für sportlich ambitionierte Kunden.

Genau ein Jahr später zeigt Porsche, wohin die Reise beim 911 Turbo geht: „Leistung satt" trifft hier auf serienmäßigen Allradantrieb (wie schon beim Typ 993) und erstmals auf Wunsch auch auf Automa-

tik. Damit macht er noch stärker als sein Vorgänger deutlich, dass der 911 Turbo der Granturismo unter den 911 ist, der ungeheuere Leistung keineswegs mit spartanischer Sportlichkeit verstanden wissen will. Motorsportambitionen, wie sie der erste 911 Turbo hegt, sind dem Typ 996 fremd – obwohl auch er das gleiche 3,6-Liter-Triebwerk nutzt wie der 911 GT3, nämlich den ehemaligen GT1-Motor. Zwei mächtige Turbolader sorgen mit 1,8 bar Ladedruck für 420 PS. Dass Luxus seinen

Nützlich: Nur der 911 Targa besitzt eine Heckklappe, die geöffnet werden kann, um Gepäck im Fond abzulegen.

Preis hat, macht sich dabei aber nicht beim Kauf bemerkbar, sondern beim hohen Gewicht (1.540 Kilogramm) und bei einer Höchstgeschwindigkeit, die kaum über der des 360-PS-starken 911 GT3 liegt. Da passt es gut ins Bild, dass Porsche drei Jahre später vom 911 Turbo erstmals seit 1987 auch wieder ein Cabrio anbietet. Als 2004 schließlich bereits die nächste Generation des 911 an den Start geht, rüstet man den 911 Turbo zum großen Finale: Zwei Jahre lang darf er als 450 PS starkes Coupé oder Cabrio unter der Bezeichnung 911 Turbo S antreten – den „normalen" 911 Turbo gibt es nicht mehr.

Vom turbogetriebenen 911 schickt Porsche aber noch eine weitere Variante ins Rennen: den 911 GT2, der 2001 debütiert. Wichtigster Unterschied zum 911 Turbo: Er hat keinen Allradantrieb; wichtigster Unterschied zum 911 GT2 der Vorgängergeneration: Er hat keinerlei Bezug zum Motorsport, weil er mit seiner Turbotechnik in kein Reglement passt. Dafür übernimmt der 911 GT2 die Rolle des Super-

Nachschlag: Der 911 Turbo vom Typ 996 bekommt kein Facelift. Allerdings wird er 2004 mit 30-Extra-PS zum 911 Turbo S geadelt.

sportwagens im Segment, und wird zwei Jahre vor dem Carrera GT (siehe Seite 92) zur Speerspitze für Zuffenhausen: 462 PS, ab dem Jahr 2003 sogar 483 PS, sorgen für 315 km/h, womit er die Höchstgeschwindigkeit des legendären 959 (siehe Seite 43) egalisiert. Dazu kultiviert er eine betont aggressive Optik mit gigantischen Kühlöffnungen im Bug, ausgeprägter Frontspoilerlippe und riesigem Heckflügel, die zusammen den 911 Turbo fast blass

aussehen lassen. Dabei hat bereits dieser eine markante Optik im Vergleich zum 911 Carrera, zu der neben der obligatorischen Karosserieverbreiterung auch der feststehende Heckspoiler gehören – erstmals allerdings mit zusätzlich aufstellbarem Spoilerblatt. Auffällig sind zudem die Lüftungsschlitze hinter den Hinterrädern und die großen Lufteinlässe hinter den Türen, was künftig alle mit Turbolader ausgestatteten 911 kennzeichnen wird.

Ungewöhnlich: Obwohl Porsche das Hardtop serienmäßig mitliefert, ist es selten im Alltag zu sehen.

Und noch ein optisches Merkmal ist beim 911 Turbo und dem 911 GT2 von Bedeutung: die neue Scheinwerfergrafik. So bekommt der Hauptscheinwerfer ein „Unterlid", woraus eine deutlich klassischere, ovale Anmutung entsteht. Damit reagiert Porsche auf die einzige dauerhafte Kritik: Kunden wünschen sich für den 911 Rundscheinwerfer und eine stärkere optische Differenzierung zum Boxster. Mehr als dieser Kunstgriff des Designer ist allerdings nicht möglich, um die Produktionskosten nicht über Gebühr in die Höhe schießen zu lassen. Was der 911 Turbo vormacht, darf im Sommer 2001 auch der 911 im Zuge einer Modellpflege übernehmen. Soweit es kostentechnisch vertretbar ist, werden auch

Werksleistungssteigerung serienmäßig: der 911 Turbo S.

Die Baureihe erlebt ein sattes Leistungsplus – ein Carrera ist 320 PS stark, der Turbo bis zu 450 PS

andere stilistische Kritikpunkte im Innenraum beseitigt. Bei dieser Gelegenheit erfährt sogar das Triebwerk eine Überarbeitung, dessen Hubraum auf 3,6 Liter wächst. Daraus resultieren nicht nur 320 PS, sondern auch ein besserer Sound, was die zweite Serie des Typ 996 zum insgesamt attraktiveren Modell macht.

Noch im selben Jahr – und damit auch bereits im neuen Look – wird Porsche mit neuen Versionen des 911 seinem Ruf gerecht, den Sportwagen zu einer ganzen Familie auszubauen. Nach dreijähriger Vakanz stellt Porsche wieder einen 911 Targa vor. Konzeptionell ähnelt er seinem Vorgänger und besitzt das zurückfahrbare Glasdach. Doch jetzt ist es fast einen halben Meter größer, in der Praxis weniger anfällig und besitzt eine aufklappbare Heckscheibe, die zum Beladen

Mehr Leistung geht (fast) immer

Obwohl es dem 911 nie an Kraft mangelt, bietet Porsche Leistungssteigerungen an.

WLS heißt das Kürzel, das bei Porsche-Fans für glänzende Augen sorgt. Es steht für Werksleistungssteigerung. Wer mehr Leistung möchte, muss allerdings tief in die Tasche greifen: Rund 14.000 Euro verlangt Porsche für das Leistungsplus von

30 PS. Doch nicht jeder 911-Kunde kann von diesem Angebot Gebrauch machen, denn es ist nur für den 911 Turbo und für den 911 Carrera S erhältlich, nicht aber für den Basis-Carrera oder den 911 GT3. Der Aufwand, den Porsche betreibt, ist groß. Veränderte Nockenwellen und Zylinderköpfe gehören dazu, auch spezielle Kühler, eine Sportabgasanlage und eine neue Steuerelektronik.

Dokumentierte Kraft: Erst beim Typ 997 gibt es optische Hinweise auf WLS.

Porsche fährt Bahn

Für gut die Hälfte aller 911 beginnt das Autoleben mit einer Bahnfahrt – im Porsche-Verlade-bahnhof in Kornwestheim.

Kritiker halten es zunächst für eine PR-Aktion – doch es ist Teil einer hoch effizienten Logistik. Im Jahr 2001 nimmt Porsche im Güterbahn-hof Kornwestheim eine Verladestation in Betrieb. Von hier aus reisen in Zuffenhausen produzierte Fahrzeuge per Bahn nach Emden, um auf dem Seeweg nach Großbritannien oder Übersee zu gelangen. Dafür werden sogar spezielle Waggons angeschafft.

nützlich ist. Stilistisch bleibt die spitz auslaufende C-Säule, tech-nisch der Hinterradantrieb. Anders beim fast zeitgleich vorgestellten 911 Carrera 4S, der ausschließlich mit Allradantrieb erhältlich ist und von dem es auch später keine hin-terradgetriebene Version gibt wie noch beim Typ 993. Den Antrieb übernimmt er unverändert vom 911 Carrera 4 und kombiniert diesen mit der Bremsanlage und vielen Ka-

rosserieelementen des 911 Turbo. Dazu gehören die Kotflügelverbrei-terungen, die großen Lufteinlässe am Bug und die Schlitze hinter den Hinterrädern, nicht jedoch der fest stehende Spoiler. Dafür spendiert ihm Porsche erstmals wieder das durchgängige Leuchtenband am Heck. In Summe resultiert daraus so ein harmonischer Look, dass der 911 Carrera 4S, der ab 2003 auch als Cabrio erhältlich ist, oft als das op-

tisch attraktivste Modell der gesam-ten Baureihe gewertet wird. Zum dynamischsten und fahraktivsten wird ohne Frage der 911 GT3 nach seiner Modellpflege im Jahr 2003: neue Scheinwerferoptik, wirkungs-volleres (und schöneres) Heckspoi-ler-Design und ein schärferes Trieb-werk. Der rennerprobte 3,6-Liter-Motor leistet jetzt 381 PS und ist der erste Straßenmotor von Porsche, der über 8.000 Touren dreht.

Happy Birthday: Zum 40. Geburtstag des 911 gibt es ein würdiges Sonder-modell, das über die Werksleistungs-steigerung auf 345 PS verfügt.

MODELLÜBERSICHT

	Produktion	Länge x Breite x Höhe (mm)	Radstand (mm)	Leergewicht (kg)	Hubraum (cm³)	Leistung (PS)	Drehmoment (Nm)	V max (km/h)	0-100 km/h (s)
911 Carrera	1997 - 2001	4.430 x 1.765 x 1.305	2.350	1.320	3.387	300	350	280	5,2
911 Carrera	2001 - 2004	4.430 x 1.770 x 1.305	2.350	1.345	3.596	320	370	285	5,0
911 Carrera Cabrio	1998 - 2001	4.430 x 1.765 x 1.305	2.350	1.395	3.387	300	350	280	5,4
911 Carrera Cabrio	2001 - 2004	4.430 x 1.770 x 1.305	2.350	1.425	3.596	320	370	285	5,2
911 Carrera 4	1998 - 2001	4.430 x 1.765 x 1.305	2.350	1.375	3.387	300	350	280	5,2
911 Carrera 4	2001 - 2004	4.430 x 1.770 x 1.305	2.350	1.405	3.596	320	370	285	5,0
911 Carrera 4 Cabrio	1998 - 2001	4.430 x 1.765 x 1.305	2.350	1.450	3.387	300	350	280	5,4
911 Carrera 4 Cabrio	2001 - 2004	4.430 x 1.770 x 1.305	2.350	1.485	3.596	320	370	285	5,2
911 Carrera 4S	2001 - 2004	4.435 x 1.830 x 1.295	2.350	1.470	3.596	320	370	280	5,1
911 Carrera 4S Cabrio	2003 - 2004	4.435 x 1.830 x 1.295	2.350	1.565	3.596	320	370	285	5,3
911 Targa	2001 - 2004	4.430 x 1.770 x 1.305	2.350	1.415	3.596	320	370	285	5,2
911 GT3	1999 - 2002	4.430 x 1.765 x 1.270	2.350	1.350	3.600	360	370	302	4,8
911 GT3	2003 - 2004	4.435 x 1.770 x 1.275	2.350	1.380	3.600	381	385	306	4,5
911 Turbo	2000 - 2004	4.435 x 1.830 x 1.295	2.350	1.540	3.600	420	560	305	4,2
911 Turbo Cabrio	2003 - 2004	4.435 x 1.830 x 1.295	2.350	1.655	3.600	420	560	305	4,3
911 Turbo S	2004 - 2005	4.435 x 1.830 x 1.295	2.350	1.590	3.600	450	620	307	4,2
911 Turbo S Cabrio	2004 - 2005	4.435 x 1.830 x 1.295	2.350	1.660	3.600	450	620	307	4,3
911 GT2	2001 - 2003	4.450 x 1.830 x 1.275	2.350	1.440	3.600	462	620	315	4,1
911 GT2	2003 - 2005	4.450 x 1.830 x 1.275	2.350	1.440	3.600	483	640	319	4,0

DER ÜBERFLIEGER

Ab 2004 bringt der Typ 997 den Porsche 911 unangefochten an die Spitze zurück.

Alles in Butter bei Porsche zu Beginn des neuen Jahrtausends. Die Firmenkrise der 1990er-Jahre ist überwunden. Die Verkaufszahlen haben sich verdreifacht, die Marke ist weltweit wieder begehrt. Dafür ist ein erfolgreicher 911 (Typ 996) in unglaublich vielen Modellvarianten verantwortlich und ein Boxster, der sich längst als „echter" Porsche etabliert hat. Positiv verläuft auch die riskante Erweiterung der Modellpalette durch den Geländewagen Cayenne. Was also müsste anders werden?

Doch Vorstandsvorsitzender Wendelin Wiedeking und seine Leute bleiben nicht untätig. Vor allem hören sie genau hin und rufen sich die Kritik bei Einführung des Typ 996 ins Gedächtnis. Manches davon entschärft man bereits mit der Modellüberarbeitung im Sommer 2001. Anderes löst sich in Luft auf oder wird von den Käufern inzwischen akzeptiert – allen voran die Wasserkühlung. Und trotzdem bleibt genügend übrig, was der Neuauflage des 911 ins Lastenheft geschrieben wird. Häufig handelt es sich dabei um ein Lockern von

Besser: Die Instrumente sind jetzt entzerrt und wirken klassischer.

Zwängen, die bei der Entwicklung des Typ 996 vorherrschten und die mit dem neuen Modell ausgebügelt werden können.

Dass Porsche auf den Typ 996 den Typ 997 folgen lässt, klingt zwar naheliegend, ist allerdings das erste und bislang einzige Mal, dass ein Nachfolger die direkte Nachbarzahl trägt. Auch wenn es unterm Strich unerheblich ist, symbolträchtig ist es allemal – zeigt es doch, dass man den Typ 997 auch als sehr

weitreichendes Facelift interpretieren könnte. Für Chefdesigner Harm Lagaay ist es sein letztes Werk bei Porsche, bevor er sich in den Ruhestand verabschiedet und im November 2004 durch Michael Mauer ersetzt wird.

Lagaay zieht alle Register und kehrt bei Details zu wesentlichen Stilelementen des Ur-911 beziehungsweise des Typ 993 zurück. Trotzdem ist das Design keine Revolution, sodass vielen Beobachtern

Rundum gelungen: Beim Erscheinen des Typ 997 gibt es nur Lob von den Fans.

der neue 911 erst beim zweiten Hinsehen auffällt. Doch im direkten Vergleich ist der Typ 997 stilistisch ein Quantensprung. Wichtigstes optisches Kennzeichen ist die Rückkehr zu runden (genauer gesagt: ovalen) Scheinwerfern, wie sie zwischen 1963 und 1997 eines der zentralen Kennzeichen des 911 gewesen waren. In diesem Zusammenhang

Die Mission des Typ 997 ist klar: einfach besser in allen Punkten zu sein, die beim Vorgänger stören

werden Blinker, Nebelscheinwerfer und Positionslicht ausgelagert und bilden eine Einheit im unteren Bugbereich.

Die Raffinesse des neuen Designs zeigt sich aber auch an einem anderen wichtigen Detail: Der Typ 997 besitzt breiter ausgestellte Radhäuser. Das ist nicht nur notwendig, um breitere Reifen unterzubringen, sondern verleiht dem 911 wieder jene Taille, die er bis zum Typ 993 stets besaß. Speziell

Runde Sache: Die ovalen Scheinwerfer sind buchstäblich ein Highlight.

Unter Strom

Batterieantrieb statt Boxermotor – Veredler RUF macht's möglich.

Porsche-Fans ist er kein Unbekannter: Alois Ruf aus Pfaffenhausen zählt zu den führenden Tunern von Porsche-Fahrzeugen. Bei ihm steht vor allem die Performance im Vordergrund, was er regelmäßig mit superschnellen Umbauten beweist. Umso mehr überrascht er auf dem Genfer Autosalon 2009 mit dem Greenster, einem Elektro-911, der in fünf Sekunden auf Tempo 100 sprinten und 250 km/h erreichen soll. Für Begeisterung sorgt auch der klassische Targa-Look.

Verzückung: Der klassische Schwung im Heck wird unverändert übernommen.

bei der Draufsicht auf die Karosserie wird deutlich, dass der seitliche Bereich um die Türen nach innen versetzt ist.

Bei genauerer Betrachtung fällt akribischen Fans indes noch ein anderes, historisch nicht vorbelastetes Detail ins Auge: die Abgasendrohre. So gibt es Modelle, die eine zweiflutige Abgasanlage mit je einem ovalen Endrohr links und rechts haben, und solche, die links und rechts jeweils ein Doppelrohr besitzen. Dahinter verbirgt sich eine Weltpremiere – und wieder eine Rückbesinnung auf alte Werte.

Denn während das einfachere Abgassystem dem 911 Carrera gehört, stammt die Doppelrohranlage vom gleichzeitig eingeführten 911 Carrera S. Zum ersten Mal in der Geschichte von Porsche stellt das Unternehmen zwei Motorisierungen gleichzeitig vor. Und erstmals seit den 1970er-Jahren gibt es überhaupt wieder reguläre Carrera-Modelle in zwei unterschiedlichen Leistungsstufen.

Der 3,6 Liter große Boxermotor, der gerade erst 2001 zur Modellüberarbeitung des Typ 996 eingeführt wurde, treibt weiterhin den 911 Carrera an. Dass er jetzt fünf PS mehr hat, also 325 PS, fällt nicht ins Gewicht – das Drehmoment bleibt sogar unangetastet.

Für den 911 Carrera S überarbeitet Porsche das Triebwerk allerdings, das natürlich wie auch der Basis-911 ohne Turboaufladung auskommt. Die Mehrleistung resultiert aus einer vergrößerten Bohrung, wodurch der Sechszylindermotor 3,8 Liter Hubraum besitzt. Das reicht für 355 PS, 30 PS mehr als die Basisversion.

Wahlmöglichkeit: Beim Typ 997 bietet Porsche erstmals wieder zwei Leistungsstufen für den 911 mit Saugmotor an.

Der Leistungs-Mehrwert ist wohl dosiert. Er wahrt einerseits den Respektabstand zum 911 Turbo, der zu diesem Zeitpunkt als Typ 996 mit 420 PS aufwartet; andererseits sind die 30 Mehr-PS spürbar – beim subjektiven Fahreindruck genauso wie bei den reinen Zahlenwerten. 293 gegenüber 285 km/h Höchstgeschwindigkeit und die Beschleunigung von 0 auf 100 km/h in 4,8 statt in 5,0 Sekunden lassen Sportfahrer aufhorchen. Porsche ist so selbstbewusst, für den 911 Carrera S 10.000 Euro mehr zu verlangen – insgesamt 87.000 Euro.

Um eine zusätzliche optische Differenzierbarkeit zwischen beiden Modellen herzustellen, greift man bei Porsche auf ein Stilmittel zurück, das bislang nur einzelne Sondermodelle und der 911 Turbo nutzen. Die Bremssättel der im Vergleich zur Basisversion größer dimensionierten Bremsanlage sind rot – ein Merkmal, das 911-Carrera-Kunden auch gegen Aufpreis nicht erhalten, im Gegensatz zu den speziellen 19-Zoll-Leichtmetallrädern. Käufer beider Modelle haben indes die Möglichkeit, sich für gelbe Bremssättel zu entscheiden. Die Farbe steht bei Porsche traditionell für die Keramikbremsscheiben PCCB, die erstmals auch Carrera-Fahrern als Option zur Verfügung stehen – für fast 10.000 Euro Aufpreis.

Größere Relevanz bei der Sonderausstattung des 911 Carrera hat indes eine Innovation, die der 911 Carrera S serienmäßig an Bord hat. Das System nennt sich Porsche Active Suspension Management (PASM) und ist ein Aktivfahrwerk mit variabler Dämpfung. Mit ihm kann der Fahrer auf Tastendruck die Härte der Dämpfer regeln. So fährt der 911 im Normalmodus eine Spur komfortabler als die Modelle ohne PASM während ein Umschalten auf den Sportmodus einem regelrechten Sportfahrwerk entspricht. Es ist so gut, dass alleine

Über Stock und Stein

Porsche ist nicht nur auf der Rundstrecke erfolgreich. Auch beim Rallyesport hat der 911 oft die Nase vorn.

Die Erfolgsgeschichte der Marke – und speziell die des 911 – kennt auch ein anderes Kapitel als Le Mans und Nürburgring: den Rallyesport. Über Stock und Stein, durch Wasser und Schlamm oder auf Eis und Schnee zeigt der 911 im gleichen Maße wie auf der Rundstrecke sein brillantes technisches Konzept.

Der 911 hat gerade erst das Laufen gelernt, da schickt man ihn bereits 1965 völlig seriennah zur berühmten Rallye Monte Carlo. Prompt erringt er mit Werksfahrer Herbert Linge und Copilot Peter Falk, dem späteren Porsche Rennleiter, einen Klassensieg. In den Jahren 1968 bis 1970 sichert sich der 911 dort sogar drei Gesamtsiege in Folge, zu denen sich 1978 ein weiterer Erfolg vor der versammelten Rallyeprominenz gesellt.

Zweimal schickt Porsche in den 1970er-Jahren spektakulär anzusehende 911 zur Ostafrika-Rallye, die jedoch nie das Ziel erreichen. 1984 führt ein weiterer Einsatz mit einem als 953 bezeichneten 911 mit Allradantrieb zu Platzierungen

Debüt 1965:
Ein seriennaher Ur-911 beweist sich mit dem 904 (links) bei der „Monte".

Wandel: In der Rallye-WM (oben) startet der 911 nicht mehr, nur noch national.

ebendort. Und seit den späten 1990er-Jahren ist der 911 (meist als 911 GT3) regelmäßiger Starter in nationalen Rallyemeisterschaften.

Überall überlegen

Mit den Rennversionen vom Typ 997 fährt Porsche in nahezu allen GT-Meisterschaften vorne mit.

Das breit gefächerte Spektrum konkurrenzfähiger Rennfahrzeuge (siehe Seite 109) und ein logisch perfekt organisierter Service für die Kundenteams an der Rennstrecke sorgen ab dem Jahr 2006 dafür, dass der 911 GT3 R und der 911 GT3 RSR auf allen Kontinenten Siege in Serie einfahren.

In Nordamerika zum Beispiel, wo der GT-Sport ebenfalls aufblüht, starten und gewinnen sie in der American Le Mans Series (ALMS). Hinzu kommen Triumphe bei Klassikern wie den 12-Stunden-Rennen von Sebring und dem 24-Stunden-Rennen von Daytona. Eigens für die USA fertigt Porsche auch den 911 GT3 Cup Grand Am, der in der gleichnamigen, vergleichsweise seriennahen Rennserie die Szene beherrscht. Auch in Europa dominiert der Typ 997 das Renngeschehen, etwa mit Siegen bei den 24-Stunden-Rennen in Le Mans, Spa-Francorchamps und am Nürburgring sowie in der FIA GT-Meisterschaft.

durch PASM der 911 im Sportmodus auf der Nürburgring-Nordschleife eine um fünf Sekunden schnelle Rundenzeit erzielt.

Gleichwohl ist PASM, das in der Folge zum Renner wird und Einzug in andere Baureihen hält, nur ein

Blick in den 911 GT2 (2007)

Erfolgsgarant im europäischen GT-Sport: 911 GT3 RSR, hier im Jahr 2011.

Kaum klassische 911-Atmosphäre: Cockpit eines 911 GT3 Cup.

Etwas seriennaher: der 911 GT3 R aus der ELMS.

Bremsscheiben aus Keramikverbundmaterial (gelb) sorgen für exzellente Verzögerung.

Teil des variablen Charakters des 911. Denn als Option bietet Porsche erstmals das sogenannte Sport Chrono Paket an. Optisch fällt es nur durch ein einzelnes Rundinstrument in der Mitte der Armaturentafel auf, in dem verschiedene Zeit-

Stopp-Funktionen angezeigt werden, was für den Praxisbetrieb eher unerheblich ist. Der wahre Reiz liegt im erweiterten Einflussbereich der Sporttaste.

Neben der erwähnten Straffung der Kennlinie für das PASM führt

der Tastendruck auch zu einer veränderten Arbeitsstrategie der elektronischen Stabilitätskontrolle PSM. Sie lässt dem Fahrer nun noch mehr Freiheiten und erlaubt leichte Drifts, bevor das System Gas zurücknimmt oder selbstständig Räder

Passend zum sportlichen Anspruch des Fahrzeugs wird der 911 GT2 nur mit Sechsgang-Handschaltung angeboten.

Anders als beim 911 Turbo wird der 911 GT2 ausschließlich über die Hinterräder angetrieben, was das Gewicht deutlich senkt.

Mit mehr Ladedruck und einer Expansionssauganlage klettert die Motorleistung auf 530 PS.

Der serienmäßige „Launch Assistant", eine spezielle Anfahrhilfe, peitscht den Wagen in 3,7 Sekunden auf 100 km/h.

Für die Kühlung des Turbosystems sorgen zusätzliche Lufteinlässe.

Der feststehende Heckspoiler sorgt für Abtrieb bei hoher Geschwindigkeit.

abbremst. Auch eine eventuell vorhandene Tiptronic – Porsche liefert den Typ 997 auf Wunsch auch mit der Wandlerautomatik aus – wird von der Sporttaste beeinflusst: Gangwechsel erfolgen schneller und weniger komfortabel, zudem auch bei höherer Drehzahl.

Außerdem wirkt die Sporttaste auf das Drive-by-Wire-Gaspedal des 911. Das zeigt sich in einer spontaneren und schnelleren Gasannahme, was ungeübten Fahrern als ruppige Fahrweise vorgehalten werden könnte. Entsprechend greift auch der Drehzahlmesser weniger sanft ein, während bei der Gaswegnahme der 911 abrupter und weniger komfortabel reagiert. Was auf dem Papier alles sehr theoretisch klingt, ist gerade im konsequenten Zusammenspiel in der Praxis eindrucksvoll spürbar. Der 911 hat im Sportmodus eine so differenzierte Charakteristik, dass sich im direkten Vergleich der Normalmodus – der

Sicheres Indiz für den 911 GT3: der mittige Doppelrohrauspuff.

dem bisherigen 911-Fahren entspricht – wie eine Komfortversion anfühlt.

Im Spätjahr 2004 öffnet Porsche den Typ 997: Das neue Cabrio erscheint. Novum für alle Statistikfans: Zum allerersten Mal gibt es

ein 911 Carrera Cabrio in zwei Leistungsstufen, denn neben der Standardversion mit 3,6 Liter Hubraum bringen die Stuttgarter auch das 911 Carrera S Cabrio auf den Markt. Die Leistungsdaten entsprechen exakt denen des Coupés, die Fahrleistun-

Aggressiver und Motorsport-orientierter: So präsentiert sich die zweite Auflage des 911 GT3.

gen hinken marginal der geschlossenen Version hinterher.

Während das Cabrio natürlich die gesamte neue Optik des Typ 997 aufweist, orientiert es sich bei der Verdecktechnik bei seinem Vorgänger. Wieder erfolgt das Öffnen vollelektrisch, wobei sich das Verdeck Z-artig faltet und wieder unter einer Abdeckung Platz nimmt. Weil sich bereits beim Typ 996 Bauweise und Qualität bewährten, streicht Porsche beim Typ 997 das Hardtop kurzerhand aus der Liste der Serienausstattung.

Ein Blick in den Innenraum offenbart ein weiteres Novum: Als erstes 911 Cabrio verfügt das neue Modell über einen Kopf-Airbag – eine Innovation, die einige Monate vorher beim neuen Boxster Premiere in einem offenen Porsche feiert. Ansonsten entspricht das Interieur natürlich dem des neuen 911 Carrera Coupè. Dabei gilt das Gleiche wie für das Exterieur: Harm Lagaay

Mit dem Typ 997 startet Porsche eine beispiellose Produktoffensive mit unzähligen Varianten

merzt bei der Innenraumgestaltung des Typ 997 in erster Linie das aus, was im Überschwang für die Entwicklung des Typ 996 entstanden war. So erhalten die Rundinstrumente eine klassischere Anmutung, indem sie entzerrt werden, während viele Fugen und Spalten glattgebügelt werden.

„Aus vier mach acht" heißt die Devise im Juni 2005. Wie nicht anders zu erwarten, schiebt Porsche die Allradversionen nach und muss dafür eine kleine Umstellung in der Nomenklatur hinnehmen: Logisch, dass es einen 911 Carrera 4 gibt (als Coupé und als Cabrio), der das 325-PS-starke Basismodell darstellt. Entsprechend entsteht das 355-PS-

Neue Wege wagen

hybrid

Interessante Hybridtechnik: Schwungmassenspeicher im 911.

Noch gibt es keinen 911 mit Hybridantrieb zu kaufen. Doch im Motorsport wurde er bereits getestet.

Angesichts steigender Kraftstoffpreise und schärferer Umweltauflagen erlebt die Hybridtechnik einen Boom. Besonders japanische Autohersteller machen es vor, wie sich klassischer Verbrennungs- und emissionsloser Elektromotor miteinander sinnvoll kombinieren lassen.

Ende des ersten Jahrzehnts des 21. Jahrhunderts präsentieren die Schwaben speziell auf Wunsch der US-Kunden Hybridversionen von Cayenne und Panamera – eine Technik, die aufgrund der Leistungsansprüche und des hohen Zusatzge-

wichts dem 911 bislang verwehrt beziehungsweise erspart bleibt.

2010 verblüfft Porsche mit einem 911 GT3 R Hybrid Rennfahrzeug, das als Testlabor genutzt wird.

Die Besonderheit: Die beim Bremsen rückgewonnene Energie wird nicht wie sonst üblich in einem Akku gespeichert, sondern in einem mechanischen Schwungmassenspeicher. Bei Bedarf kann sie abgerufen und über Elektromotoren in zusätzliche Leistung umgewandelt werden.

Zwar fällt der 911 GT3 R Hybrid beim 24-Stunden-Rennen auf dem Nürburgring zwei Stunden vor Ende wegen eines „Pfennigdefekts" aus, beweist aber mit Top-Platzierungen, dass die Idee nicht abwegig ist ...

Neues Glashaus: Beim 911 Targa hält Porsche am Glasschiebedach fest.

tiert. Das klingt nicht nach viel, doch es reicht, um den 911 noch muskulöser und noch taillierter zu machen.

Ein gutes Jahr später, im Oktober 2006, erhält die Carrera-Baureihe noch einen weiteren Ableger: den Targa, der – anders als zum Beispiel das 911 Carrera Cabrio – nicht die Bezeichnung Carrera führt. Allerdings baut er auf dessen Technik auf, besser gesagt: auf der des Carrera 4. Denn mit Einführung des 911 Targa vom Typ 997 geht die grundsätzliche Koppelung mit der 4x4-Technik einher. So liegt es nahe, dass die Modelle 911 Targa 4 und 911 Targa 4S (zum ersten Mal gibt es den Targa in zwei Leistungsstufen) heißen und ebenfalls die markante Kotflügelverbreiterung bekommen. Der Entscheidung, keine heckgetriebenen Targa-Modelle mehr anzubieten, liegt die Erkenntnis zugrunde, dass Targa-Kunden eher komfort- und sicherheitsorientiert sind. Die „Pflicht", Allradtechnik mitkaufen zu müssen, schreckt

Modell als 911 Carrera 4S. Das Kürzel 4S hat bis dato bei Porsche allerdings eine andere Bedeutung und verweist bei den Typen 993 und 996 auf allradgetriebene Carrera-Modelle im Turbo-Look. Doch die neue Lesart ist logisch (4 für Allrad, S für S-Modell), und ohnehin lässt Porsche – was zu diesem Zeitpunkt aber niemand weiß – die seit den 1980er-Jahren gepflegte Tradition der Carrera-Modelle mit Turbo-Optik mit dem Typ 996 auslaufen.

Dafür bringen die Schwaben bei den Allradmodellen ein neues Element ins Spiel, was die optische Attraktivität steigert. So werden die hinteren Radhäuser 22 Millimeter breiter, woraus insgesamt 44 Millimeter mehr Fahrzeugbreite resul-

Neuer Maßstab: Der 911 Turbo schießt unaufhaltsam der 500-PS-Marke entgegen. Natürlich mit Allradantrieb.

Volles Rohr in allen Klassen

Und alles heißt GT3: 911 GT3 Cup, 911 GT3 (Basis), 911 GT3 RS und 911 GT3 RSR (von links nach rechts).

Mit dem Typ 997 diversifiziert Porsche das Spektrum an Rennfahrzeugen auf Basis des 911 weiter.

Angesichts dieser Vielfalt und der Namensähnlichkeiten sind Verwirrungen bei den Rennversionen des 911 vorprogrammiert. Zunächst einmal führen alle das Kürzel GT3. Weder vom 911 Turbo noch vom 911 GT2, ja noch nicht einmal vom 911 GT2 RS gibt es Ableitungen für den Motorsport – zumindest nicht werkseitig oder von Teams, die an professionellen Rennserien teilnehmen wollen. Der 911 GT3 ist ein reines Straßenau-

to, das aber zugegeben bereits viel Nähe zum Motorsport zeigt. An Clubsport-Wochenenden reicht er allemal für gute Platzierungen aus. Wer das intensiver betreiben möchte, greift zum 911 GT3 RS. Auch er ist gerade noch straßenzugelassen, aber schon merklich leichter und agiler – und somit unkomfortabler und weniger alltagstauglich. Einen Schritt weiter geht der 911 GT3 Cup. Er ist nicht mehr zulassungsfähig und in erster Linie für den Porsche Supercup und den Porsche Carrera Cup gedacht (siehe Seite 55). Eng verwandt mit ihm ist der 911 GT3 R, ebenfalls ein reinrassiger Rennwagen. Er wird im

GT-Sport in der mittleren Klasse, der sogenannten GT3 (hat nichts mit dem Namen des Autos zu tun), eingesetzt und ist je nach Ausführung bis zu 500 PS stark.
Die Spitze im Rennprogramm von Porsche ist schließlich der 911 GT3 RSR. Er tritt in der höchsten GT-Klasse an, GTE oder GT2 genannt. Aufgrund technischer Bestimmungen ist der 911 GT3 RSR mittels Air-Restriktoren auf rund 460 PS gedrosselt. Er ist vom 911 GT3 R abgeleitet, noch kompromissloser und teurer und besitzt als gutes Erkennungszeichen seitliche Lufteinlässe im Stil des 911 Turbo.

Wird zum neuen Inbegriff: Der 911 Carrera GTS auf Basis des 911 Carrera S ...

Käufer deswegen nicht ab, zumal der 911 Targa ohnehin kein Sonderangebot ist und preislich mit dem Cabrio gleichauf liegt. Immerhin lässt Porsche den Kunden die Wahl beim Getriebe, obwohl die Ausstattungsrate der Tiptronic beim 911 Targa überdurchschnittlich hoch ist. Stilistisch bleibt der Zwitter unverändert, besitzt also weiterhin das weit nach hinten zurückfahrende

Glasdach (mit deutlich größerer Öffnung als beim Typ 996) und die spitz auslaufende C-Säule.

So gediegen die Kundschaft des Targa ist, so sportorientiert ist die des 911 GT3. Er wird als weiterer Ableger bereits im März 2006 auf dem Genfer Salon vorstellt. Auffällig ist das aggressivere Design im Vergleich zum Vorgänger mit mehr Luftein- beziehungsweise -auslässen und größeren Spoilern, wobei der Heckflügel wieder individuell justiert werden kann. Seine Sonderstellung als echtes Sportgerät unterstreicht der zweisitzige 911 GT3 als einziger 911 mit einer mittig angeordneten Doppelrohrauspuffanlage. Obwohl er serienmäßig auf großen 19-Zoll-Rädern steht, verzichtet Porsche beim 911 GT3 auf die Kotflügelverbreiterung der Allradmodelle – wohl weniger aus der korrekt angewandten Logik, dass es sich natürlich um ein hinterradgetriebenes Fahrzeug handelt, sondern mehr aus Gründen des Luftwiderstands.

Beim Antrieb setzt Porsche sehr zur Freude der Fans weiter auf das alte wassergekühlte 3,6-Liter-Boxertriebwerk, das nicht aus dem 911 Carrera stammt, sondern aus dem 911 GT1 von 1996. 415 PS – stolze 34 PS mehr als dem Vorgänger mit gleichem Motor – entlockt man ihm, was dem 911 GT3 einen absoluten Spitzenwert sichert: Es ist

... ist eine Mischung aus Serien-Carrera und 911 GT3 mit perfekter Kombination aus Komfort und Sportlichkeit.

mit 115,4 PS pro Liter die höchste spezifische Leistung aller straßenzugelassenen Saugmotorfahrzeuge. Dass der Motor dabei auch bis 8.400 U/min dreht, macht den 911 GT3 in Kombination mit dem kurz abgestuften manuellen Sechsganggetriebe zum Traum aller rennsportlich ambitionierten Kunden.

Gleichwohl stattet Porsche den 911 GT3 in wohl dosierter Dosis mit Technologien aus, die nicht ganz dem radikalen Image entsprechen – wohl aber im Alltag echte Helfer sind. Während die vom Carrera GT abgeleitete Traktionskontrolle sicher noch Rennsportbezug aufweist, tut dies das PASM Fahrwerkssystem nicht. Allerdings ist es beim 911 Carrera ein so großer Erfolg, dass es entsprechend adaptiert auch in den 911 GT3 Einzug hält. Der Normalmodus entspricht dabei fast der Härte des Vorgängermodells, während der Sportmodus nur ein Tipp für superebene Rennstrecken ist. Für alle, die genau dort ihr

Kennzeichen: Ab 2008 haben alle neuen 911 bauchige Rückleuchten.

Ein Name, viele Modelle

Konsequent baut Porsche das 911-Angebot aus – beim Typ 997 mit über 20 Modellen.

Neidvoll blicken Autohersteller auf Porsche, wenn es um die Diversifizierung der 911-Baureihe geht. Besonders eindrucksvoll tritt diese Vielfalt beim Typ 997 zutage.
911 Carrera Coupé und 911 Carrera Cabrio, dazu die beiden stärkeren

S-Versionen – verdoppelt um die Allradmodelle sind – acht Varianten. Hinzu kommen 911 Targa 4 und 911 Targa 4S, der 911 GT3 und der 911 GT3 RS sowie die insgesamt vier GTS-Modelle als Coupé und Cabrio mit und ohne Allradantrieb. Macht 16 mit 911 Sport Classic und 911 Speedster 18. Jetzt noch die Turbo-Modelle: Coupé und Cabrio sowie die stärkeren S-Versionen. Der 911 GT2

erhöht schließlich auf 23. Außerdem legt Porsche noch zwei Sonderserien auf, die aufgrund ihrer Seltenheit von Fans bisweilen als eigenständige Modelle geführt werden. So erhöhen die 911 Black Edition (auf Basis des 911 Carrera, siehe Bild) und die 911 Turbo S Edition 912 Spyder, die jeweils als Coupé und als Cabrio erhältlich sind, auf insgesamt 27 verschiedene 911-Varianten.

Remake: 911 Speedster mit kurzer Frontscheibe und Höckern am Heck.

Revier sehen, spendiert Porsche einige Monate später noch die Clubsportausführung, den ebenfalls straßenzugelassenen 911 GT3 RS. Er ist noch leichter, hat ein „echtes" Sportfahrwerk, besitzt einen Überrollkäfig, aber gleich viel PS.

Exakt zwei Jahre, nachdem Porsche den Typ 997 vorgestellt hat, schließt sich die letzte große Lücke im Programm der Schwaben: Im Sommer 2006 debütiert der neue 911 Turbo, wie gewohnt mit Allradantrieb, verbreiterter Karosserie und großem feststehenden, aber

weiter ausfahrbaren Heckspoiler. Er wird zum „Hammergeschoss", übertrifft er doch seinen kraftvollen Vorgänger gleich um 60 PS (immerhin 14 Prozent). 480 PS und 620 Newtonmeter katapultieren den 911 Turbo deutlich über die 300-km/h-Marke. Und beim Sprint? In 3,9 Sekunden auf Tempo 100, mit der Overboost-Funktion mit mehr Ladedruck im Sportmodus sogar nur 3,5 Sekunden. Verblüffend ist, dass Fahrzeuge mit Tiptronic-Getriebe schneller sind. Die Wandlerautomatik befördert

den 911 Turbo in 3,7 beziehungsweise 3,3 Sekunden auf 100 km/h.

Wie nicht anders zu erwarten, baut Porsche auch das Turbo-Sortiment weiter aus. 2007 erscheint erst wieder eine Cabrioversion, dann als Krönung der gesamten Baureihe der 911 GT2. Stilistisch ist er eine Mischung aus 911 GT3 und 911 Turbo, konzeptionell aber ohne Bezug zum Motorsport. Natürlich ist er heckgetrieben, doch die Turboaufladung fällt in Kombination mit dem 3,6-Liter-Motor aus jeder Motorsportklassifizierung heraus – selbst wenn 530 PS, also nochmals 50 PS mehr als der 911 Turbo, verführerisch klingen.

Mit 145 Kilogramm weniger Gewicht als dieser ist die Höchstgeschwindigkeit von 329 km/h wenig überraschend (911 Turbo: 310 km/h). Wie weit die technischen Möglichkeiten ausgelotet sind, zeigt die Beschleunigung: Der handgeschaltete 911 GT2 kann sein Leistungsplus nicht gegenüber dem 911 Turbo mit Tiptronic umsetzen.

Wer meint, dieser „Erfolg" würde 20 Jahre nach Einführung der Tip-

Zwei Raritäten: Vom 911 Sport Classic (links) entstehen nur 250 Exemplare, vom 911 Speedster 356.

tronic der Wandlerautomatik zum endgültigen Durchbruch verhelfen, wird im Sommer 2008 eines Besseren belehrt. Porsche spendiert der Baureihe ein Facelift, in dessen Genuss bis zum Jahresende alle Carrera-Modelle kommen. Optisch ist es nur an Details zu erkennen, etwa am LED-Tagfahrlicht, an bauchigen Rückleuchten und einem größeren Zentralbildschirm. Neu ist auch, dass Porsche das Leuchtenband am Heck wieder aufgreift und alle Allradmodelle damit veredelt.

Viel aufregender ist die neue Technik, die fortan die Tiptronic aus allen Porsche-Sportwagen ver-

Benzindirekteinspritzung und PDK sind die Highlights der Modellüberabeitung des Typ 997

bannt. Stattdessen können Kunden als Alternative zur Handschaltung das Doppelkupplungsgetriebe PDK erwerben, das ohne Kupplungspedal auskommt. Der Fahrer kann entweder automatisch die Gänge wechseln lassen oder dies über Tasten auf dem Lenkrad selber tun. Ein Vorteil ist, dass die Zugkraft nicht unterbrochen wird, während bei normalen Getrieben durch Treten des Kupplungspedals der Kraftfluss unterbrochen wird. Daraus resultiert eine signifikant schnellere Beschleunigung – und umgekehrt ein niedrigerer Verbrauch im Vergleich zu Wandlerautomatik und Handschaltung. Das Getriebe besteht aus zwei Strängen (einer mit den geraden, der andere mit den ungeraden Gängen), die durch zwei Kupplungen miteinander verbunden sind. Das funktioniert so phantastisch, dass das PDK zum Renner wird, teilweise mit Bestellquoten von 90 Prozent (siehe Seite 121).

Doch noch eine andere Technik steigert die Performance der über-

Weiterhin eng: Die hinteren Sitzplätze haben beim Cabrio Alibi-Funktion.

Mehr Luft, bitte: satter Lüfter im Heck, trotz Wasserkühlung.

Breiter und geflügelter: die klassischen Turbo-Kennzeichen.

Indizien der Kraft: Alle Turbo-getriebenen 911 besitzen hinter den Türen zusätzliche Lufteinlässe.

Kennzeichen ab dem 911 Turbo, Typ 997: LED-Tagfahrlicht, mit dem seither alle 911 aufwarten.

arbeiteten 911-Modelle: Sowohl die 3,6- als auch die 3,8-Liter-Variante bekommen eine Benzindirekteinspritzung. Das senkt den Verbrauch spürbar und lässt den 911 Carrera auf 345 PS erstarken, den 911 Carrera S sogar auf 385 PS. Das reicht, damit der hinterradgetriebene 911 Carrera S zum ersten „Normal-911" wird, der mit 302 km/h die magische 300-km/h-Schallmauer durchbricht.

Das optionale PDK und die serienmäßige Benzindirekteinsprit-

zung halten im Folgejahr auch beim 911 Turbo Einzug, dessen optisches Facelift ähnlich geringfügig ausfällt wie beim 911 Carrera. Als zusätzliche Maßnahme bekommt er allerdings einen auf 3,8 Liter größeren Hubraum spendiert. Daraus entstehen 500 PS und 312 km/h Höchstgeschwindigkeit, sogar im Cabrio. Zur Sicherheit legt Porsche im Folgejahr nochmals nach und nimmt wieder einen 911 Turbo S ins Programm auf. Auch er ist offen wie geschlossen erhältlich und hat 50 PS

mehr – jene 50 PS, die sich Kunden bis dahin als Werksleistungssteigerung auch für den 911 Turbo bestellen können. Weil der 911 Turbo S aber sogar noch PDK, Keramikbremsen und Sportsitze serienmäßig hat, ist er trotz seines Aufpreises von 24.514 Euro ein Vorteilspaket.

Mehr Leistung gibt es 2010 auch für den 911 GT2, der zum 911 GT2 RS wird – und zum stärksten 911 aller Zeiten (siehe Seite 126). Seine 620 PS entwickelt er aber weiterhin aus dem alten 3,6-Liter-Turbomo-

Sportgerät für Profis: Rallye-Weltmeister Walter Röhrl hilft bei der finalen Abstimmung des 911 Turbo.

tor. Um die Verwirrung zu komplettieren, hat Porsche bereits ein Jahr zuvor den überarbeiteten 911 GT3 vorgestellt, der nicht mehr wie seit Urzeiten 3,6 Liter Hubraum, sondern plötzlich 3,8 Liter besitzt. Er erstarkt damit auf 435 PS, während der ebenfalls wieder angebotene leichte 911 GT3 RS sogar 450 PS leistet. Gleichzeitig halten in den 911 GT3 erstmals Fahrstabilitätskontrolle PSM und variable Motorlager Einzug, nicht aber die Benzindirekteinspritzung und das PDK-Getriebe – beides verträgt sich nicht mit dem alten GT1-Triebwerk. Mit dem limitierten 911 GT3 RS 4.0 zeigt Porsche 2011, dass die „Entwicklungsuhr" nie stillsteht: 500 PS aus einem Saugmotor bei nur 1.360 Kilogramm Leergewicht ...

2010 baut man den stärksten Porsche aller Zeiten, den 911 GT2 RS mit 620 PS

Die Ideen gehen bei Porsche trotzdem nicht aus. Während auszurechnen ist, dass die Lebenszeit des Typ 997 zu Ende geht, schiebt Porsche ab dem Spätjahr 2009 sechs völlig neue Modelle auf Carrera-Basis nach. Den Auftakt bildet der 911 Sport Classic, der bei der Individualisierungsabteilung Porsche Exclusive in einer Auflage von 250 Exemplaren entsteht. Er basiert auf dem 911 Carrera S, besitzt aber die breite Allrad-Karosserie und eine Leistungssteigerung auf 408 PS. Optisch auffällig sind die Doppelkuppel des Dachs und der feststehende Heckspoiler im Bürzel-Look à la 911 Carrera RS von 1972.

48 Stunden, nachdem die ersten Bilder des Fahrzeugs veröffentlicht sind, ist der 911 Sport Classic ausverkauft, obwohl er mit 201.682 Euro mehr als doppelt so viel wie der 911 Carrera S und auch deutlich

Optisch wichtiger Schritt: Mit dem Typ 997 erhält der 911 wieder eine deutliche Taille.

Einfach näher dran

Die Grenzen zwischen Straßen- und Rennfahrzeug sind beim 911 fließend.

In den 1950er- und 1960er-Jahren lebt fast der gesamte GT-Sport davon, dass viele Teilnehmer mit straßenzugelassenen Fahrzeugen an Rennen teilnehmen, die ansonsten auch im Alltag genutzt werden. Bis heute kultiviert Porsche diesen Spagat. Und selbst wenn manche 911-GT3-Kunden nie oder nur selten die Rennstrecke aufsuchen, so haben sie doch Gewissheit, jederzeit um gute Platzierungen mitfahren zu können.

Rennstrecke, Autobahn, Innenstadt: das Revier des Porsche 911.

Dezent: Die Modellüberarbeitung von 2008 ist von vorn kaum zu erkennen.

reiner Zweisitzer. Während 911 Sport Classic und 911 Speedster Raritäten sind, werden die neuen GTS-Modelle zum Renner.

Der im Oktober 2010 vorgestellte 911 Carrera GTS und der im März 2011 nachgeschobene 911 Carrera GTS 4 (beide jeweils als Coupé und Cabrio erhältlich) sind eine Mischung aus 911 Carrara S und 911 GT3 – nicht so radikal wie Letzterer, aber doch deutlich sportlicher als das S-Modell. Unter anderem erhalten sie auch den 408-PS-Motor, haben auf jeden Fall die breite Allradkarosserie sowie einige aerodynamische Optimierungen an Bug und Heck und werden als Zweisitzer angeboten, wobei die Rückbank auf Wunsch erhältlich ist.

In gewisser Weise treten die GTS-Modelle die Nachfolge des ehemaligen Turbo-Looks an, selbst wenn sie nicht ganz so markant ausfallen. Trotzdem treffen sie den Nerv der Porsche-Fans, die selbst dann noch eifrig den 911 Carrera GTS bestellen, als der Typ 991 längst auf dem Markt ist.

mehr als der 911 Turbo kostet. Ähnlich selten, weil auf 356 Exemplare limitiert, bleibt der ein Jahr später in Paris vorgestellte 911 Speedster.

Er ist nach den gleichnamigen Modellen auf Basis des G-Modells und des Typs 964 erst der dritte Porsche 911 mit dieser Bezeichnung. Das auf dem 911 Carrera S Cabrio basierende Fahrzeug hat 408 PS und zeichnet sich vor allem durch die flachere und niedrigere Windschutzscheibe aus. Das verleiht ihm einen besonderen Look vor allem im geschlossenen Zustand, während offen die angedeuteten Höcker hinter den Vordersitzen auffallen – schließlich ist der 911 Speedster ein

Jagdfieber: Der 911 GT2 ist dank seines Heckantriebs agiler, aber auch diffiziler zu fahren als der 911 Turbo.

MODELLÜBERSICHT

	Produktion	Länge x Breite x Höhe (mm)	Radstand (mm)	Leergewicht (kg)	Hubraum (cm³)	Leistung (PS)	Drehmoment (Nm)	V max (km/h)	0-100 km/h (s)
911 Carrera	2004-2008	4.427 x 1.808 x 1.310	2.350	1.395	3.596	325	370	285	5,0
911 Carrera	2008-2011	4.435 x 1.808 x 1.310	2.350	1.415	3.614	345	290	289	4,9
911 Carrera Cabrio	2004-2008	4.427 x 1.808 x 1.310	2.350	1.480	3.596	325	370	285	5,1
911 Carrera Cabrio	2008-2011	4.435 x 1.808 x 1.310	2.350	1.500	3.614	345	290	289	3,9
911 Carrera S	2004-2008	4.427 x 1.808 x 1.300	2.350	1.420	3.824	355	400	293	4,8
911 Carrera S	2008-2011	4.427 x 1.808 x 1.300	2.350	1.425	3.800	385	420	302	4,7
911 Carrera S Cabrio	2004-2008	4.427 x 1.808 x 1.300	2.350	1.505	3.824	355	400	293	5,0
911 Carrera S Cabrio	2008-2011	4.427 x 1.808 x 1.300	2.350	1.510	3.800	385	420	302	4,9
911 Carrera 4	2005-2008	4.427 x 1.852 x 1.310	2.350	1.450	3.596	325	370	280	5,1
911 Carrera 4	2008-2012	4.427 x 1.852 x 1.310	2.350	1.470	3.614	345	390	284	4,8
911 Carrera 4 Cabrio	2005-2008	4.427 x 1.852 x 1.310	2.350	1.535	3.596	325	370	280	5,3
911 Carrera 4 Cabrio	2008-2012	4.427 x 1.852 x 1.310	2.350	1.555	3.614	345	390	284	5,2
911 Carrera 4S	2005-2008	4.427 x 1.852 x 1.300	2.350	1.475	3.824	355	400	288	4,8
911 Carrera 4S	2008-2012	4.427 x 1.852 x 1.300	2.350	1.480	3.800	385	420	297	4,7
911 Carrera 4S Cabrio	2005-2008	4.427 x 1.852 x 1.300	2.350	1.560	3.824	355	400	288	5,3
911 Carrera 4S Cabrio	2008-2012	4.427 x 1.852 x 1.300	2.350	1.565	3.800	385	420	297	4,9
911 Targa 4	2006-2008	4.427 x 1.852 x 1.310	2.350	1.510	3.596	325	370	280	5,3
911 Targa 4	2008-2012	4.427 x 1.852 x 1.310	2.350	1.530	3.614	345	390	284	5,0
911 Targa 4S	2006-2008	4.427 x 1.852 x 1.310	2.350	1.535	3.824	355	400	288	4,9
911 Targa 4S	2008-2012	4.427 x 1.852 x 1.300	2.350	1.540	3.800	385	420	297	4,7
911 Sport Classic	2009-2010	4.440 x 1.852 x 1.290	2.350	1.425	3.800	408	420	302	4,6
911 Speedster	2010-2011	4.440 x 1.852 x 1.230	2.350	1.540	3.800	408	420	305	4,4
911 Carrera GTS	2010-2012	4.435 x 1.852 x 1.300	2.350	1.420	3.800	408	420	306	4,6
911 Carrera GTS Cabrio	2010-2012	4.435 x 1.852 x 1.300	2.350	1.515	3.800	408	420	306	4,8
911 Carrera 4 GTS	2011-2012	4.435 x 1.852 x 1.300	2.350	1.475	3.800	408	430	306	4,6
911 Carrera 4 GTS Cabrio	2011-2012	4.435 x 1.852 x 1.300	2.350	1.570	3.800	408	430	306	4,8
911 GT3	2006-2008	4.427 x 1.808 x 1.280	2.350	1.395	3.600	415	405	310	4,3
911 GT3	2009-2010	4.460 x 1.808 x 1.280	2.350	1.395	3.600	435	430	312	4,1
911 GT3 4.0	2011	4.460 x 1.852 x 1.280	2.355	1.360	3.996	500	460	310	3,9
911 Turbo	2006-2009	4.450 x 1.852 x 1.300	2.350	1.585	3.600	480	620	310	3,9
911 Turbo	2009-heute	4.450 x 1.852 x 1.300	2.350	1.570	3.800	500	650	312	3,7
911 Turbo Cabrio	2007-2009	4.450 x 1.852 x 1.300	2.350	1.655	3.600	480	620	310	4,0
911 Turbo Cabrio	2009-heute	4.450 x 1.852 x 1.300	2.350	1.645	3.800	500	650	312	3,8
911 Turbo S	2010-heute	4.450 x 1.852 x 1.300	2.350	1.585	3.800	530	700	315	3,3
911 Turbo S Cabrio	2010-heute	4.450 x 1.852 x 1.300	2.350	1.660	3.800	530	700	315	3,4
911 GT2	2007-2010	4.469 x 1.852 x 1.285	2.350	1.440	3.600	530	680	329	3,7
911 GT2 RS	2010-2011	4.469 x 1.852 x 1.285	2.350	1.445	3.600	620	700	330	3,5

DER VISIONÄR

Die aktuelle Generation, der Typ 991, zeigt, wohin die Reise
nach dem 50. Geburtstag geht.

Die Euphorie kennt ausgangs des ersten 2000er-Jahrzehnts keine Grenzen, das Wachstum scheint unendlich. Doch ausgerechnet im erfolgsverwöhnten Zuffenhausen kommt man aus dem Tritt. Nicht nur, dass die Ende 2008 einsetzende internationale Finanzmarktkrise erstmals stark rückläufige Absatzsatzzahlen beschert – auch ein hausgemachtes Problem macht Porsche zu schaffen, weil das bis dahin so erfolgreiche David-gegen-Goliath-Prinzip versagt: Der kleine Sportwagenhersteller schafft es nicht, sein Ziel zu verwirklichen und den ungleich größeren Volkswagen-Konzern im Handstreich zu übernehmen. So verkehrt sich der Deal ins Gegenteil: Die Wolfsburger kaufen Porsche (siehe Seite 124).

Abgesehen vom eher unter Insidern wahrgenommenen Image-Schaden für die Edelmarke bieten die neuen Verhältnisse auch neue Chancen – zum Beispiel der fast uneingeschränkte Griff ins Regel der VW-Entwickler. Das spart auf Dauer Kosten und stellt sicher, dass Porsche auch außerhalb seiner zentralen Kompetenzen technisch auf dem allerneuesten Stand ist. Volks-

Deutlich weiterentwickelt: Der Typ 991 orientiert sich beim Innenraum-Design am Panamera, einschließlich der stark ansteigenden Mittelkonsole.

wagen-Boss Winterkorn ist freilich clever genug, diese Synergien überwiegend im Verborgenen zu nutzen. Sichtbare Gleichteile sind jedenfalls verpönt. Und um beide Unternehmen besser miteinander zu verzahnen, erhält Porsche mit VW-Audi-Mann Matthias Müller auch einen neuen Vorstand.

Als er im Herbst 2010 an Bord kommt, laufen die Vorbereitungen für den neuen 911 schon auf Hochtouren. Hauptaugenmerk liegt neben der Wahrung des Mythos auf wirtschaftlich-ökologischen Aspekten. Nicht, dass sich die meisten der Porsche-Kunden das Benzin nicht mehr leisten könnten, doch die Wirtschaftskrise hat das öffentliche Bewusstsein und die soziale Akzeptanz angekratzt. Hinzu kommen City-Mauts und die neuen Energie-

Neue Dachkinematik: Zur besseren Formgebung befinden sich unter dem Textilverdeck Platten aus Leichtmetall.

effizienzbestimmungen in den USA, bei denen sich der bis dahin eher kurze Radstand ungünstig auswirkt. Und so ist schon bald klar, dass die neue, intern Typ 991 genannte siebte Generation neue Proportionen aufweisen wird. Ganze zehn Zentimeter mehr Radstand bei nur gut fünf Zentimeter mehr Außenläge bewirken, dass der 911 gestreckter und aufgrund der kürzeren Überhänge vorn und hinten zeitgemäßer erscheint.

Auf der Frankfurter IAA 2011 ist es schließlich so weit: Nach sieben Jahren Bauzeit macht der Typ 997 einem Nachfolger Platz, der Dinge an Bord hat, die man nie und nimmer in einem so reinrassigen Sportwagen vermuten würde. Zum Beispiel eine Start-Stopp-Automatik, die beim Stehenbleiben den Motor selbstständig ausschaltet und ihn beim Tritt aufs Gaspedal beziehungsweise beim Einlegen eines Ganges wieder anlässt. Überhaupt ist die Liste an Standardumfängen und Extras lang und weit von den Optionsausstattungen entfernt, die für frühere 911 erhältlich waren: Schlüsselloser Fahrzeugzugang, zum Beispiel – wobei der Startknopf standesgemäß links neben der Lenksäule platziert ist. Lichtassistent, elektronische Parkbremse, Einparkhilfe mit Top-View-Funktion und ein in die Rohkarosse integrierter Subwoofer machen deutlich, dass Purismus schon lang keine Eigenschaft mehr des 911 ist. Und dass zudem erstmals ein eigenständiges Dachtransportsystem erhältlich ist, zeigt, dass man für alle Eventualitäten gerüstet sein will.

Doch es gibt auch reichlich Neuerungen, die der Performance zugute kommen. Einige davon sind nicht völlig neu, sondern stammen aus anderen Baureihen oder speziellen Modellen. Dazu gehört die Wankstabilisierung aus dem Cayenne, obwohl Seitenneigung nicht wirklich ein Problem des 911 ist.

Schaltung ade!

Die klassische Handschaltung hat ausgedient, das Doppelkupplungsgetriebe ist angesagt.

Schon mit der Modellüberarbeitung des Typ 997 stellt Porsche das Doppelkupplungsgetriebe PDK vor. Es setzt sich rasend schnell durch und drängt spätestens mit dem Typ 991 das konventionelle Getriebe in eine Statistenrolle. Warum? Weil es schneller schaltet und das Fahrzeug merklich besser beschleunigt, weil es bequem als Automatik gefahren werden kann und weil der Kraftstoffverbrauch spürbar sinkt. Zahlen machen das deutlich. Der 911 Carrera (Typ 991) verbraucht als Handschalter 9,0 Liter auf 100 Kilometer, mit PDF nur 8,2 (zehn Prozent weniger). Während das konventionelle in 4,8 Sekunden auf 100 km/h beschleunigt (vorausgesetzt, man sortiert Gänge und Kupplung schnell genug), braucht PDK-Version nur 4,6 Sekunden, ist also immerhin fünf Prozent schneller. Nachteilig wirkt sich das PDK nur bei der Endgeschwindigkeit aus (289 zu 287 km/h) und natürlich beim Preis: 3.500 Euro verlangt Porsche dafür.

Ungleiches Duell: Kunden bevorzugen inzwischen die Schalttasten am Lenkrad beim PDK-Getriebe (links) statt konventionellem Schaltknauf.

Frühe Experimente: Schon in den 1980er-Jahren testet Porsche das PDK-Getriebe erfolgreich in der Gruppe C, verwirft die Idee aber wieder.

Die sich anpassenden Motorlager des letzten GT3 sind wiederum ein Leckerbissen für Racing-Fans: Bei forcierter Gangart werden sie hart, was bei Heckmotorfahrzeugen erheblichen Einfluss auf das Fahrverhalten in Kurven hat. Ebenfalls nur von Könnern am Lenkrad wahrgenommen wird der adaptive Heckspoiler, der in Kombination mit dem PASM-Fahrwerk dafür sorgt, dass ein 911 Carrera bei hoher Geschwindigkeit tatsächlich erstmals Abtrieb generiert.

Eine andere Neuerung wäre zu anderen Zeiten als Rückschritt gewertet worden, nicht so 2011: Während der 911 Carrera S, der wieder parallel zum 911 Carrera vorgestellt wird, weiterhin vom 3,8 Liter großen Boxermotor angetrieben wird, kommt im Basismodell ein neues Aggregat zum Einsatz. Es besitzt im Vergleich zum Vorgänger 0,2 Liter weniger Hubraum, also 3,4 Liter. Trotzdem bleibt das maximale Drehmoment mit 390 Newtonmetern unverändert, während die

Leistung nominal sogar um fünf PS zulegt. Mit 15 PS und 20 Newtonmetern mehr (jetzt 440 Nm) fällt das Wachstum beim 911 Carrera S natürlich stärker aus.

Doch nicht nur die Leistung wächst, sondern auch das Getriebe. Als erster Pkw der Welt verfügen die 911-Modelle über ein 7-Gang-Schaltgetriebe. Das trägt ebenfalls zur Senkung des Kraftstoffverbrauchs bei, weil der siebente Gang ein reiner Spargang ist, fordert aber seinen Fahrer aufgrund der enge-

Ring frei zur nächsten Runde

Auch der Typ 991 beweist sich im Motorsport. Den Auftakt macht im Jubiläumsjahr der 911 GT3 Cup, im Sommer folgt der 911 GT3 RSR.

Es ist wirklich keine Sensation, als Porsche am 8. Dezember 2012 – gut ein Jahr nach Markteinführung des Typ 991 – die erste Rennversion von der siebenten Generation des 911 vorstellt. Genauso wenig überrascht,

dass den Auftakt das Cup-Modell bildet – also jenes Fahrzeug, das im Rahmen des Porsche Supercup und des Porsche Carrera Cup an den Start geht (siehe Seite 59).
Für Verblüffung sorgt indes die Kraftübertragung. Erstmals in der langen Geschichte des Porsche Markenpokals kommt ein sequenzielles Klauengetriebe zum Einsatz, das über Schaltwippen hinter dem Lenkrad

betätigt wird. Es ist eine völlige Neuentwicklung und weit davon entfernt, in Serienfahrzeugen seinen Dienst zu verrichten. Beobachter schließen daraus, dass der künftige 911 GT3, der immer eine Art zivile Ausführung des Cup-Fahrzeugs ist (immerhin ist er ja auch Namensgeber für dieses), erstmals mit dem Doppelkupplungsgetriebe PDK verfügbar sein wird. Dessen exzellente

Langgezogen: Der große Radstand verbessert das Handling speziell auf schnellen Rennstrecken.

ren Gangspreizung zu häufigerem Schalten heraus. Doch trotz dieses Fortschritts nimmt bei Porsche die konventionelle Handschaltung nur noch einen Nischenplatz ein. Die überwiegende Mehrheit der 911-Kunden entscheidet sich inzwischen für das Doppelkupplungsgetriebe PDK, das ebenfalls über sieben Gänge verfügt. Die halbautomatischen Gangwechsel werden dabei weiterhin über Schalttasten auf dem Lenkrad ausgelöst. Nur als Option stehen Schaltwip-

Anspruchsvoll: Gegen diese Seitenneigung gibt es eine Wankkontrolle.

Performance hinsichtlich Beschleunigung und Verbrauch sprechen dafür. Im neuen Rennfahrzeug arbeitet auch weiterhin der 3,8-Liter-Saugmotor, dem jetzt aber stolze 460 PS entlockt werden – ein Plus von zehn PS gegenüber dem Vorgänger. Man kann daraus folgern, dass auch der neue 911 GT3 „nur" zehn bis 15 PS mehr haben wird.

Eine Fülle von Modifikationen gegenüber den bisherigen Rennfahrzeugen sorgt dafür, dass der 911 GT3 Cup als Basis für weitere Versionen der Konkurrenz wieder einen Schritt voraus ist. Dafür sorgen im Speziellen eine weiterentwickelte Aerodynamik mit gigantischem Heckflügel und eine völlig neue, noch bissigere Bremsanlage. Um nach Unfällen den Fahrer besser bergen und versorgen zu können, besitzt das Fahrzeug erstmals auch eine Rettungsluke im Dach.

Die nächste Entwicklungsstufe der Rennversionen vom Typ 911 zündet Porsche bereits im Frühjahr 2013. Dann werden zwei 911 GT3 RSR um den Klassensieg bei den 24 Stunden von Le Mans kämpfen – erstmals nach 1998 ist somit Porsche wieder mit einem Werksteam in Le Mans, das mit dem erfahrenen Manthey-Team kooperiert.

Premiere: Erstmals hat auch das Cup-Fahrzeug ein sequenzielles Getriebe.

Logisch: Wie alle GT3-Modelle ist der „Cup" am mittigen Auspuff zu erkennen.

Eine schrecklich nette Familie

Porsche und Volkswagen ist nicht einfach die Geschichte zweier Automarken – es ist auch eine Familiensaga über Macht, Eitelkeiten und Geld.

Volks-Porsche – dieser Begriff macht Ende der 1960er-Jahre die Runde, als Porsche den Mittelmotor-Sportwagen 914 vorstellt, der als Gemeinschaftsprojekt mit Volkswagen entsteht und teilweise auch als VW-Porsche vertrieben wird. Auch der Nachfolger, der 924, nutzt zahlreiche VW-Komponenten, weil er ursprünglich ebenfalls als Co-Produktion ausgelegt ist. Offenkundig wird die Zusammenarbeit erst wieder, als Porsche 2002 den Cayenne vorstellt, ein Bruder des VW Touareg, und Dieselmotoren von VW-Tochter Audi bezieht.

Doch die Hintergründe sind weit komplexer. Ferdinand Porsche konstruiert in den 1930er-Jahren „den" Volkswagen, also den späteren VW Käfer, und plant das Werk in Wolfsburg mit. Als er nach dem Krieg ausscheidet, bekommt er eine Abfindung, die ihn zum Anteilseigner macht. Nach Ferdinands Tod geht dieses Privileg auf seine Familie über, also auch auf

Zusammengespannt: Gemeinsam entwickeln, gemeinsam verkaufen heißt in den 1970ern die Devise.

Kugelig: Die Ähnlichkeit zwischen VW Käfer und alten Porsche-Modellen ist nicht zufällig.

Tochter Louise, die mit Anton Piëch verheiratet und Mutter eines gewissen Ferdinand Piëch ist. Dieser wird später als Manager Vorstand bei Porsche und Volkswagen, ist aber gleichzeitig über sein Erbe auch an beiden Unternehmen beteiligt.

Er billigt ab 2005 den schrittweisen heimlichen und offenen Übernahmeversuch von Porsche durch Wendelin Wiedeking. Als dieser Kraftakt durch die Wirtschaftskrise und ein etwas zu komplexes Finanzierungskonstrukt scheitert, sagt Piëch den Porsche-Brüdern den Kampf an und wendet den Spieß: Porsche wird zur Marke innerhalb des Volkswagen-Konzerns, was nach der Klärung mehrerer kartellrechtlicher Fragen am 1. August 2012 vollzogen wird. Verdient daran dürften sowohl der Porsche- als auch der Piëch-Clan haben.

pen an der Lenksäule zur Wahl, die für ein ungleich sportlicheres Handling sorgen.

„Mission erfüllt", dürfen sich die Verantwortlichen im Herbst 2011 auf die Schulter klopfen. Denn auch wenn sich die Performance-Werte des neuen 911 nur marginal verbessern, hinsichtlich Wirtschaftlichkeit und Umweltverträglichkeit hat er das Ziel erreicht: Der Normverbrauch des 911 Carrera sinkt von 10,3 auf 9,0 Liter pro 100 Kilometer (minus 13 Prozent), in der PDK-Ausführung sogar von 9,8 auf 8,2 Liter (minus 16 Prozent). Selbst der jetzt 400 PS starke und über 300 km/h schnelle 911 Carrera S kommt mit 9,5 Litern (Handschalter, minus zehn Prozent) beziehungsweise 8,7 Litern (PDK, minus 15 Prozent) aus.

Der Typ 991 ist mit modernsten Assistenz-systemen aus dem VW-Sortiment ausgestattet

Die neuen Coupés rollen gerade zu den Händlern, als Porsche erwartungsgemäß bereits die offene Version vorstellt. Natürlich ist sie antriebstechnisch absolut identisch, nur dass es nicht ganz die Fahrleistungen des Coupés erreicht, der leichter und aerodynamisch besser ist. Doch ebenso wie dieser ist auch das 911 Carrera Cabrio ganz auf Komfort getrimmt und weist in diesem Zusammenhang eine echte Innovation auf: So kommt erstmals ein elektrisch bedienbares und voll integriertes Windschott zum Einsatz. Es muss weder umständlich montiert und demontiert werden, noch schränkt es im nicht aufgestellten Zustand den Platz auf den Fondsitzen ein.

Noch mehr Ingenieurskunst steckt allerdings im Verdeck. Selbstverständlich ist es weiterhin als Textildach ausgeführt – zumindest äußerlich. Darunter befinden sich vier

Traumwagen auf Traumroute: Kurvenreiche Landstraßen sind seit 50 Jahren die perfekte Strecke für jeden 911. Da ist auch der Typ 991 keine Ausnahme.

Längst ein gewohntes Bild: Der 911 ist zum souveränen Ganzjahresfahrzeug gereift, das auch auf Eis und Schnee exzellent zu fahren ist.

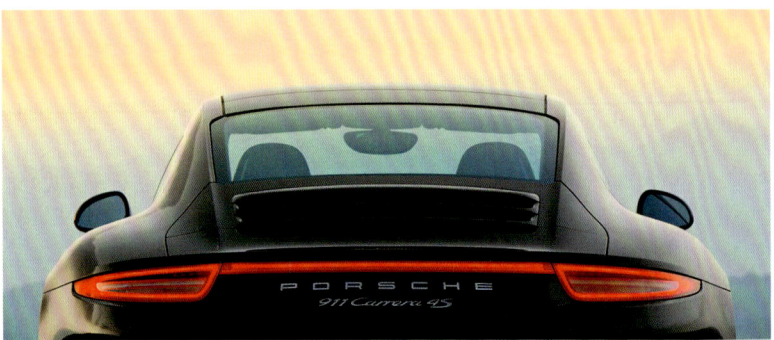

Moderne und Klassik: LED plus Leuchtenband am 911 Carrera 4S.

Segmente aus leichter Magnesium-Legierung, die eine bündige Dach-fläche bilden. Das bietet nicht nur Vorteile beim kompakten Zusam-menklappen des Verdecks, sondern ermöglicht vor allem eine elegante-re Formgebung als mit konventio-

Blick in den 911 Carrera 4S (2012)

Stark, stärker, am stärksten

Der Porsche 911 GT2 RS schlägt ein neues Kapitel bei der Leistungsentwicklung auf.

Exakt 130 PS treiben den allerersten 911 an, der 911 T muss anfangs sogar mit 110 PS auskommen – vom 912 mit 90 PS gar nicht zu reden. Die 200-PS-Marke fällt erstmals in den 1970er-Jahren mit dem 911 Carrera RS, bevor nur einige Jahre später der 911 Turbo die 300-PS-Grenze erreicht. Daraufhin steigt die Leistungsspirale langsamer, und erst der 911 Turbo von 1995 besitzt eine PS-Angabe, die mit einer Vier beginnt. Klammert man den 911 GT1 aus, der nur formal den Ansprüchen eines Straßenfahrzeugs genügt, dauert es bis 2007, bis der 911 GT2 die 500-PS-Hürde überspringt. Bereits drei Jahre später durch-

schießt der 911 GT2 RS die 600-PS-Mauer: Mit 620 PS ist er nicht nur stärkster 911 aller Zeiten, sondern auch stärkster Straßen-Porsche – noch vor dem legendären Carrera GT (siehe Seite 92). Die Leistungsexplo-sion geht allerdings auch mit einer atemberaubenden Preisentwicklung einher: Der Ur-911 kostet umgerech-net rund 11.175 Euro – der 911 GT2 RS mehr als das 21-fache!

In neue Gefilde: Der 911 GT2 RS spielt definitiv in der Liga der Supersportwagen.

Kontrastelemente: Sicht-Carbon am Super-911.

Die McPherson-Vorderachse des Typ 991 ist eine völlige Neukonstruktion mit leicht untersteuernder Tendenz

nellem Gestänge. Tatsächlich besitzt das geschlossene Cabriolet nahezu die dynamische Dachlinie des Coupés.

Ein knappes halbes Jahr später komplettiert Porsche das Grundangebot des neuen 911: Auf dem Pariser Autosalon 2012 werden die Allradmodelle enthüllt, die es mit 3,4- und 3,8-Liter-Motor sowie als Coupé und als Cabrio gibt. Auch beim Karosseriedesign setzt man in Zuffenhausen auf die bekannte Strategie. So fallen die Allradfahrzeuge dank kräftigerer Radhäuser hinten insgesamt 44 Millimeter breiter aus und besitzen als wichtiges optisches Kennzeichen das durchgängige Leuchtenband am Heck. Die Allradtechnik selbst wird weitgehend vom Vorgänger über-

Erstmals gibt es eine Anzeige, wie das Allradsystem zum momentanen Zeitpunkt die Antriebskraft auf die Räder verteilt

Die Antriebselemente der Vorderachse reduzieren beim 911 Carrera 4 das Kofferraumvolumen um insgesamt 55 Liter

Erstmals seit dem Typ 993 hat der 911 wieder einen Porsche-Schriftzug am Heck

Alle Carrera-Modelle haben ein Siebenganggetriebe – entweder als Handschalter oder mit dem beliebten PDK-Getriebe

Benzindirekteinspritzung, Leichtbau und intelligente Sparmaßnahmen reduzieren den Verbrauch des neuen 911 deutlich

Sicherstes optisches Erkennungsmerkmal der Allradmodelle auf Carrera-Basis ist das durchgängige Leuchtenband

Trotz aller Globalisierung: Der 911 wird immer noch in Zuffenhausen gebaut.

der neue Allrad-911 zusätzliche Sicherheitstechnologien aus dem VW-Sortiment spendiert: Es heißt Porsche Active Safety und sondiert per Radar beim Fahren den Bereich vor dem Fahrzeug. Wird es „eng", warnt es den Fahrer vor einem drohenden Auffahrunfall – eine typische Ober- und Mittelklassenausstattung in Vielfahrer-Limousinen.

Doch auch im Kern der 911-Entwicklung geht es weiter: Als dieses Buch entsteht, erprobt Porsche bereits den neuen 911 GT3, den neuen 911 Turbo und den neuen 911 Targa. Letzterer wird den Kreis der Geschichte schließen und wieder einen richtigen „Targa-Bügel" besitzen, um das Modell eindeutig zwischen Cabrio und Coupé zu positionieren. An Variantenvielfalt wird es sicher nicht mangeln.

nommen – und ist damit Garant für Erfolg: Beim Typ 997 haben Allradversionen einen Anteil von insgesamt 34 Prozent.

Weil dem 911 Carrera 4 beziehungsweise dem 911 Carrera 4S ideologisch die Rolle des „besonders sicheren" 911 zufällt, bekommt

Retro trifft auf Hightech

Man nehme einen neuen 911, bringe ihn zur Firma Singer und erhalte einen alten.

Porsche-Tuner Singer aus Kalifornien hat ein Faible für den Ur-911 – und für Performance. So bietet er nicht einfache Leistungssteigerung für alte 911 an, sondern den Rückbau moderner 911 zum Klassiker mit besserem Fahrwerk und mehr PS. Allerdings darf der Spender maximal ein Typ 964 sein, dessen Blech gegen eine Carbon-Karosse im Ur-Look

ersetzt wird. Die Leistung des natürlich luftgekühlten Boxermotors kann bis auf 425 PS gesteigert werden, was die Verwendung entsprechender Fahrwerks- und Bremskomponenten aus dem damaligen 911 Turbo und dem Typ 993 sinnvoll macht. Genau konsequent wird auch der Innenraum auf alt getrimmt. Insgesamt sind dafür mindestens 190.000 US-Dollar anzulegen.

MODELLÜBERSICHT

	Produktion	Länge x Breite x Höhe (mm)	Radstand (mm)	Leergewicht (kg)	Hubraum (cm³)	Leistung (PS)	Drehmoment (Nm)	V max (km/h)	0-100 km/h (s)
911 Carrera	2011 - heute	4.491 x 1.808 x 1.303	2.450	1.380	3.436	350	390	289	4,8
911 Carrera Cabrio	2012 - heute	4.491 x 1.808 x 1.299	2.450	1.450	3.436	350	390	286	5,0
911 Carrera S	2011 - heute	4.491 x 1.808 x 1.295	2.450	1.395	3.800	400	440	304	4,5
911 Carrera S Cabrio	2012 - heute	4.491 x 1.808 x 1.292	2.450	1.465	3.800	400	440	301	4,7
911 Carrera 4	2012 - heute	4.491 x 1.852 x 1.304	2.450	1.430	3.436	350	390	285	4,9
911 Carrera 4 Cabrio	2012 - heute	4.491 x 1.852 x 1.300	2.450	1.500	3.436	350	390	282	5,1
911 Carrera 4S	2012 - heute	4.491 x 1.852 x 1.296	2.450	1.445	3.800	400	440	299	4,5
911 Carrera 4S Cabrio	2012 - heute	4.491 x 1.852 x 1.294	2.450	1.515	3.800	400	440	296	4,7

VIELFALT DER DREI ZIFFERN

Alle Baureihen, Modelle und Motorisierungen des 911 im Überblick.

Ur-Modell

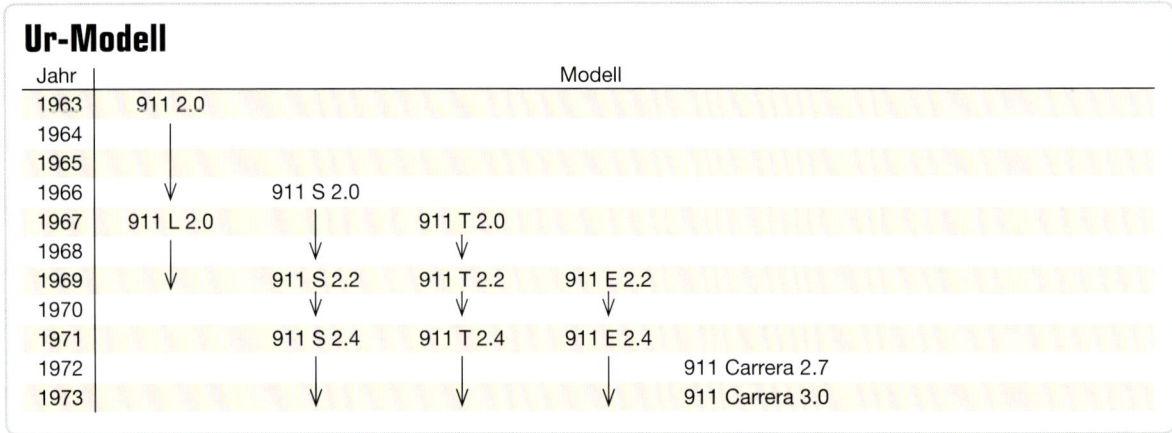

G-Modell

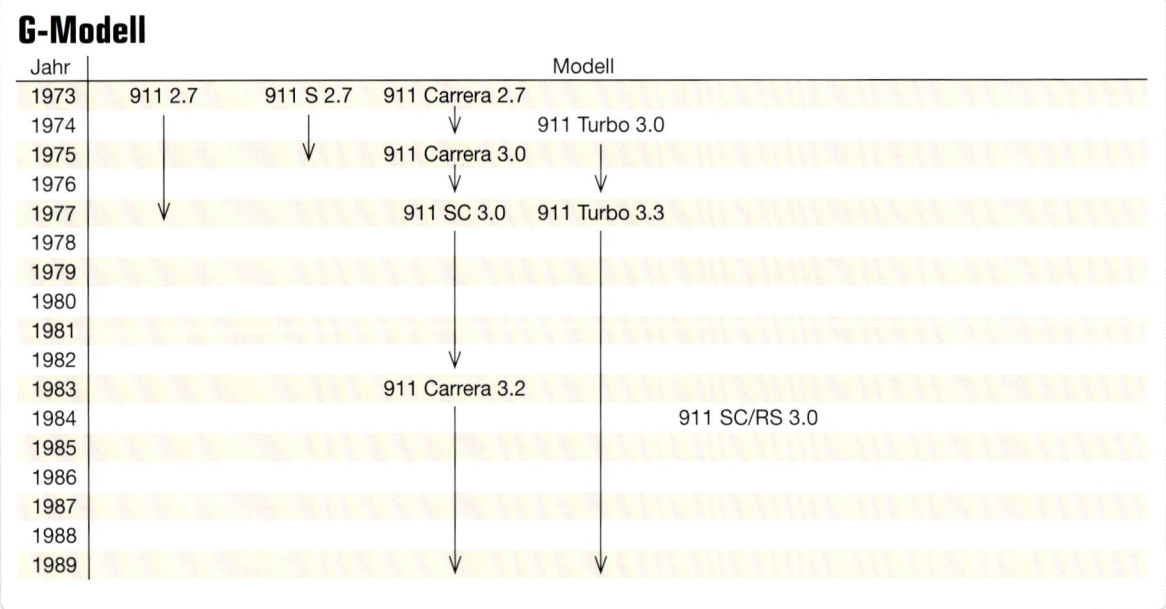

Typ 964

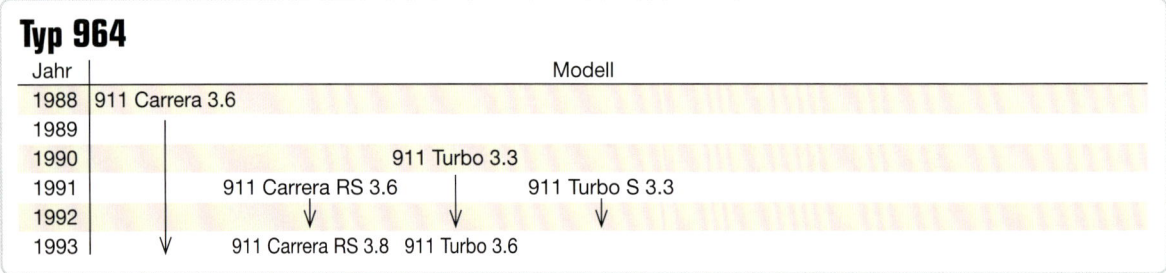

Typ 993

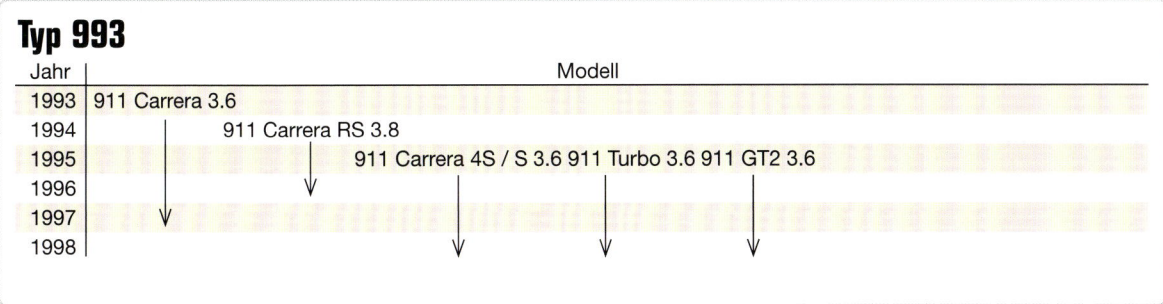

Jahr	Modell
1993	911 Carrera 3.6
1994	911 Carrera RS 3.8
1995	911 Carrera 4S / S 3.6 911 Turbo 3.6 911 GT2 3.6
1996	
1997	
1998	

Typ 996

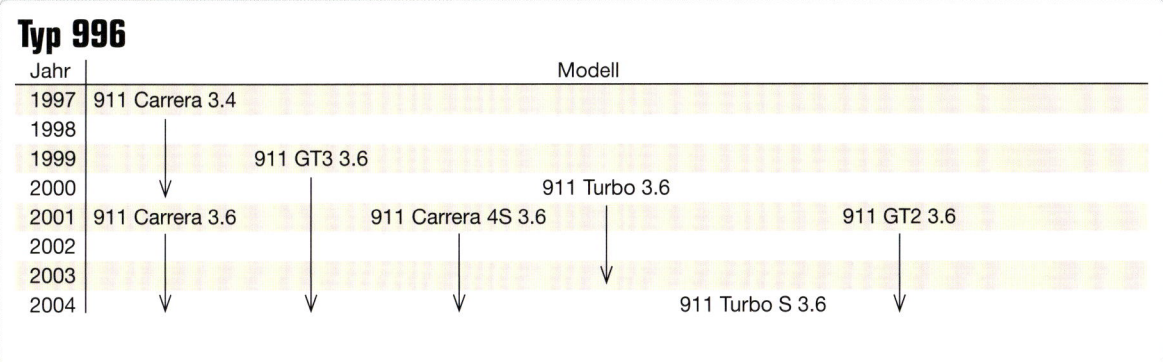

Jahr	Modell
1997	911 Carrera 3.4
1998	
1999	911 GT3 3.6
2000	911 Turbo 3.6
2001	911 Carrera 3.6 911 Carrera 4S 3.6 911 GT2 3.6
2002	
2003	
2004	911 Turbo S 3.6

Typ 997

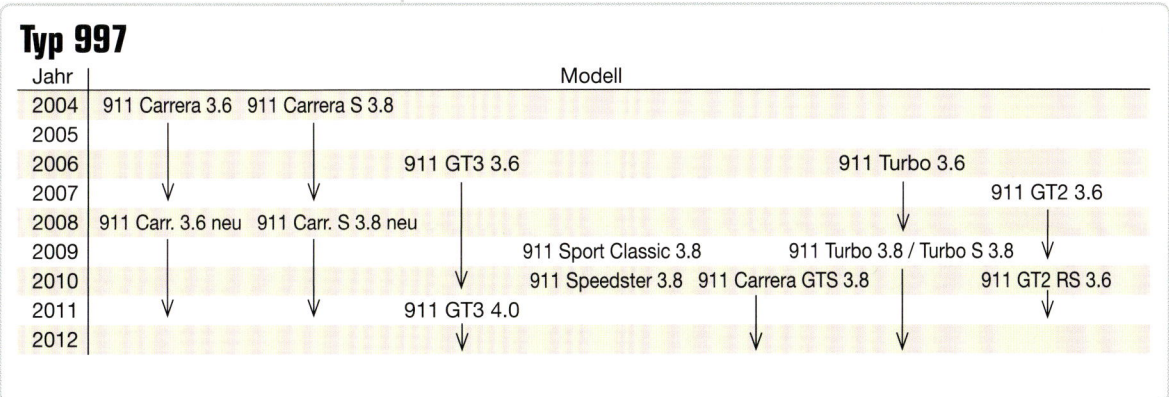

Jahr	Modell
2004	911 Carrera 3.6 911 Carrera S 3.8
2005	
2006	911 GT3 3.6 911 Turbo 3.6
2007	911 GT2 3.6
2008	911 Carr. 3.6 neu 911 Carr. S 3.8 neu
2009	911 Sport Classic 3.8 911 Turbo 3.8 / Turbo S 3.8
2010	911 Speedster 3.8 911 Carrera GTS 3.8 911 GT2 RS 3.6
2011	911 GT3 4.0
2012	

Typ 991

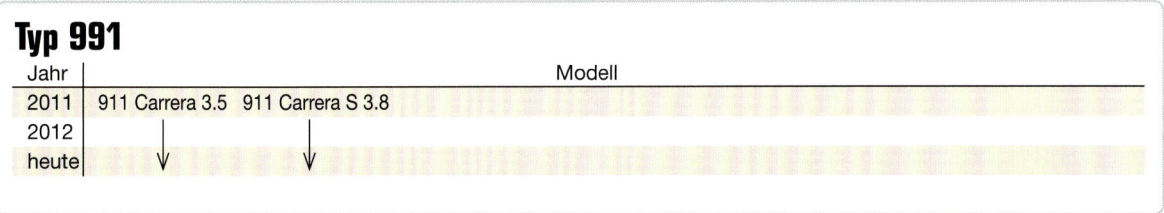

Jahr	Modell
2011	911 Carrera 3.5 911 Carrera S 3.8
2012	
heute	

CHRONIK DES 911
Von der ersten Idee bis zum neuesten Modell.

1957	Die Planungen für den 356-Nachfolger starten
1960	Der erste fahrfertige Prototyp des 901 ist fertig
1962	Im November wird der erste seriennahe 901 erprobt
1963	Der 901 wird im September auf der IAA vorgestellt
1964	Aus dem 901 wird der 911
1964	Am 27. Oktober wird der erste 911 ausgeliefert
1965	Der 911 hat bei der Rallye Monte Carlo seinen ersten großen Auftritt im Motorsport
1965	Auf der IAA verblüfft Porsche mit dem ersten 911 Targa
1965	Einen 911 mit vier Zylindern gibt es nicht – er heißt 912
1966	Mit dem 911 S baut Porsche den 911 zur Modellfamilie aus
1967	Erstmals gibt es den 911 mit halbautomatischer Sportomatic
1968	Der schwächste 911 aller Zeiten debütiert: der 911 T mit 110 PS
1971	Der 911 S 2.4 wird der erste 911 mit einem (Front-)Spoiler
1972	Mit dem 911 Carrera RS stellt Porsche einen Meilenstein in der 911-Entwicklung vor
1973	Der überarbeitete 911 wird vorgestellt, das G-Modell
1973	Dem 911 Carrera RSR gelingt in der Sportwagen-WM ein sensationeller Gesamtsieg bei der Targa Florio
1974	Trotz Ölkrise debütiert der 911 Turbo, dessen Leistung den 911 in neue Sphären hebt
1974	Für den Motorsport wird aus dem 911 der 934 abgeleitet
1975	Wieder gibt es einen 912 mit Vierzylinder-Boxermotor
1976	Mit dem 935 stellt Porsche einen neuen Rennsportableger des 911 vor, der Porsche auf Anhieb die Markenweltmeisterschaft sichert
1977	Der 911 Turbo bekommt einen 3,3-Liter-Motor mit 300 PS – das reicht, um zwölf Jahre lang der Konkurrenz davon zu fahren
1977	Der 928 tritt an, um den 911 abzulösen
1979	Erstmals werden 911 mit Lambdasonden für den US-Markt ausgestattet
1979	Der 935 des Kremer-Teams holt als 911-Abkömmling den Gesamtsieg bei den 24 Stunden von Le Mans
1981	Ein 911-Prototyp sorgt auf der IAA für Aufregung: Er hat Allradantrieb, Turbo-Optik und Textilverdeck
1982	Erstmals gibt es ein Vollcabrio vom 911
1983	Der Name Carrera kehrt im 911 Carrera zurück
1984	Ein 911-Ableger, der 953, gewinnt die Rallye Paris-Dakar
1985	Mit dem 959 stellt Porsche einen Hightech-Ableger des 911 vor – 315 km/h schnell, 450 PS stark und mit Allradantrieb
1987	Mit dem 911 Speedster bringt Porsche eine puristische Variante des 911 Cabrio auf den Markt
1988	Zum 25. Geburtstag des 911 gibt es erstmals ein Sondermodell
1988	Der 911 wird überarbeitet: Auf das G-Modell folgt der Typ 964, der als erster 911 mit Allradantrieb lieferbar ist
1989	Mit der Tiptronic gibt es nun ein Automatikgetriebe für den 911
1992	Nach langer Pause kehrt das Kürzel RS im 911 Carrera RS zurück
1993	Das Concept-Car Boxster wird gezeigt, das richtungsweisend für die Zukunft des 911 ist
1993	Zum 30. Geburtstag des 911 gibt es den 911 Carrera 4 im Turbo-Look als Sondermodell
1993	Die vierte 911-Generation wird vorgestellt: der Typ 993, bei dem erstmals deutlicher das Ur-Design verändert wird
1995	Es gibt wieder einen 911 Turbo, aber ausschließlich mit Allrad, dafür mit 408 PS
1995	Zur IAA stellt Porsche ein völlig neues Targa-Konzept vor
1995	Oberhalb des 911 Turbo positioniert Porsche den 911 GT2
1996	Der neue Rennwagen 911 GT1 heißt zwar 911, hat aber mit dem Straßen-911 wenig gemeinsam
1996	Der 1.000.000 Porsche ist ein 911. Er geht an die Polizei

1996	Der Boxster kommt auf den Markt. 40 Prozent seiner Bestandteile kommen auch im nächsten 911 zum Einsatz
1997	Debüt der fünften 911-Generation – Typ 996 – mit Wasserkühlung
1998	Am 27. März stirbt Ferry Porsche – sein Unternehmen feiert in diesem Jahr 50. Geburtstag
1998	Die letzten Exemplare des 911 mit Luftkühlung werden ausgeliefert
1998	Der 911 GT1 holt den Gesamtsieg in Le Mans
1999	Der erste 911 GT3 wird enthüllt, das Kürzel wird schnell zum Nimbus
2000	Der neue 911 Turbo hat nicht nur Allradantrieb, sondern kann jetzt auch mit Tiptronic bestellt werden
2000	Durch ein behutsames Facelift wird der Typ 996 technisch und optisch attraktiver
2002	Mit dem 911 GT3 taucht nach langer Pause wieder ein Porsche im Rallyesport auf
2003	Nach 15-jähriger Vakanz gibt es wieder ein 911 Turbo Cabrio
2004	Zum 40. Geburtstag des 911 gibt es wieder ein Sondermodell, das sogar 25 Extra-PS erhält
2004	Mit noch mehr Leistung erscheint der 911 Turbo S
2004	Die sechste Generation, der Typ 997, wird im Sommer vorgestellt
2004	Es gibt wieder ein „S" für den 911 mit Saugmotor. Als Premiere erscheinen beide Leistungsstufen gleichzeitig
2006	Erstmals beschleunigt mit dem 911 Turbo ein 911 mit Tiptronic schneller als mit Handschaltung
2008	Das Doppelkupplungsgetriebe PDK löst die alte Tiptronic ab
2009	Mit dem limitierten 911 Sport Classic gibt es erstmals eine Art Retro-Modell
2010	Mit dem 911 GT3 R Hybrid entsteht der erste 911 mit Hybridantrieb – allerdings nur für die Rennstrecke
2010	Der 911 GT2 RS wird mit 620 PS stärkster Straßen-Porsche aller Zeiten – und damit auch stärkster Serien-911
2011	Mit über 20 Versionen ist der Typ 997 Diversifizierungsmeister
2011	Der 911 GT 4.0 wird zur Ikone für Sportfahrer
2011	Die siebte Generation, der Typ 991, debütiert im September auf der IAA
2012	Am 5. April stirbt mit Ferdinand Alexander Porsche der Schöpfer des ursprünglichen 911-Designs
2013	Der Porsche 911 feiert seinen 50. Geburtstag

Der Autor

Wolfgang Hörner (Jahrgang 1968) ist Motorjournalist. Seine Domäne sind Sportwagen, deren Entwicklung er für zahlreiche Magazinveröffentlichungen und Buchprojekte begleitet – und die er auch kritisch testet. Regelmäßig reist er nach Zuffenhausen, um von Technikern und Managern die neuesten Trends bei Porsche zu erfahren. Doch nicht nur dabei ist das Thema 911 unausweichlich: In der gesamten Sportwagenbranche ist der Neun-Elfer die Referenz, auf die man überall trifft. Genauso wie man ihm auf den Rennstrecken in aller Welt begegnet, an denen der Autor seit 20 Jahren als Motorsport-Berichterstatter tätig ist. Dies ist bereits sein sechstes Buch bei GeraMond.

Dank und Quellenverzeichnis

Ein Werk wie dieses wäre ohne die freundliche Unterstützung der Dr. Ing. h.c. F. Porsche AG undenkbar. Mein Dank gilt deshalb allen, die im Rahmen ihrer Tätigkeit für die Presse- und Öffentlichkeitsarbeit direkt oder indirekt zum Gelingen dieses Buchs beitrugen. Stellvertretend für die vielen Personen, mit denen ich als Motorjournalist in den vergangenen 15 Jahren bei Porsche zu tun hatte, danke ich Hans-Gerd Bode, Thomas Becki, Hermann-Josef Stappen, Holger Eckhardt, Ina Hämmerling, Oliver Hilger, Dieter Landenberger sowie Anton Hunger, Jürgen Pippig, Christian Dau und Eckhard Eybl.
Ganz besonders gilt mein Dank all jenen, die durch ihr zur Verfügung gestelltes Bildmaterial dieses Buch erst ermöglichten – allen voran die Dr. Ing. h.c. F. Porsche AG, sowie die Fotografen Thomas Kunert und Dirk Michael Deckbar

Impressum

Produktmanagement: Martin Distler
Schlusskorrektur: Helga Peterz
Satz/Layout: Caroline Wydeau
Umschlaggestaltung: Jarzina Kommunikationsdesign, Holzkirchen, unter Verwendung von Fotos der Dr. Ing. h.c. F. Porsche AG
Repro: Cromika, Verona
Herstellung: Anna Katavic
Printed in Italy by Printer Trento

Alle Angaben dieses Werkes wurden vom Autor sorgfältig recherchiert und auf den aktuellen Stand gebracht sowie vom Verlag geprüft. Für die Richtigkeit der Angaben kann jedoch keine Haftung übernommen werden. Für Hinweise und Anregungen sind wir jederzeit dankbar. Bitte richten Sie diese an:

GeraMond Verlag
Lektorat
Postfach 40 02 09, D-80702 München
E-Mail: lektorat@geramond.de

Die Deutsche Nationalbibliothek verzeichnet diese Publikation in der Deutschen Nationalbibliografie; detaillierte bibliografische Daten sind im Internet über http://dnb.d-nb.de abrufbar.

© 2013 by GeraMond Verlag GmbH, München
ISBN 978-3-86245-699-4

Schrauben, Fahren, Träumen

Ebenfalls erhältlich ...

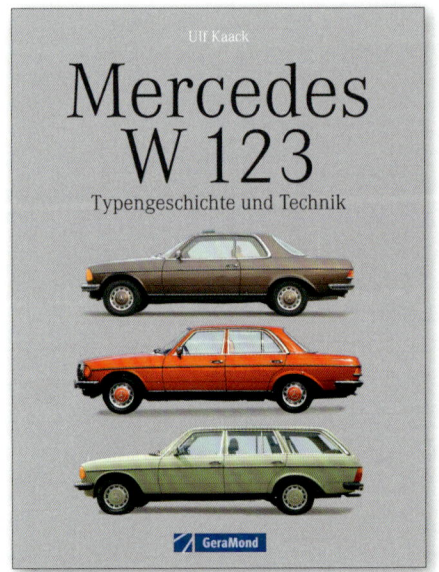